安全文化知识读本

国家安全生产监督管理总局政策法规司　组织编写

煤 炭 工 业 出 版 社

·北　京·

编审委员会

序

安全生产关系人民群众生命财产安全，关系改革发展和社会和谐稳定大局。加强安全生产工作以保护人的生命安全和健康为基本目标，是落实科学发展观的重要体现，是党和政府“执政为民”的必然要求，也是社会文明与进步的重要标志。重视和加强安全生产工作，无论从政治、经济、文化的角度，还是对国家、社会和家庭，都事关重大。

安全文化建设能够为安全生产提供强大精神动力和智力支持。胡锦涛总书记在中央政治局第30次安全生产集体学习会上指出，要把安全文化建设纳入精神文明建设的统一布局，牢固树立安全第一的安全理念、遵章守法的管理理念、安全操作的工作理念，提高各类企业及全社会的安全意识，提高群众自我安全保护意识。安全文化作为安全生产问题在意识形态领域和人们思想观念上的综合反映，体现了安全价值观、安全判断标准和安全能力、安全行为方式等。加强安全文化建设，要大力培育与科学发展观、先进文化发展方向相一致的安全理念、安全意识，面向社会和基层企业深入开展丰富多彩、扎实有效的宣传教育活动，切实提高安全文化建设的质量和水平，增强安全法制观念和遵章守纪的意识与能力。

推进安全文化建设要坚持以人为本、安全发展的科学理念。“以人为本”首先要以人的生命为本，科学发展首先要安全发展，和谐社会首先要关爱生命。各级领导干部要切实树立人命关天、“安全生产责任重于泰山”的政治觉悟，树立“抓经济发展是政绩、抓安全生产也是政绩”的理念，坚持预防为主、关口前移，把安全发展纳入经济社会发展、企业发展的全过程；深入宣传普及安全知识，增强安全意识和安全生产法制观念；要加强教育培训，提高职工安全技能素质；要加强舆论监督、社会监督，维护人民群众安全生产知情权、参与权和监督权；要大力推进安全知识进入中小学课程，从小培养安全意识和良好的安全行为习惯。

加强安全文化建设要注重提高全民安全素质。在诸多影响安全生产因素中，人的素质是最基本的一条，而人的素质又与安全文化密不可分。安全文化成为安全法制、安全责任、安全科技、安全投入诸多因素中的首要因素，最基本的目的就是提升人的安全素质，最重要的内涵就是强化人的安全素质提高。要大力推进安全文化建设，全面提升全民的安全素质，有力维护人民群众生命财产安全，实现安全生产形势持续稳定好转。

为进一步加强安全文化建设，扎实推进安全生产工作，国家安全生产监督管理总局组织编写了《安全文化知识读本》。希望各级安全监管监察及有关部门、企业安全管理人员和广大从业者认真学习安全文化基本知识，掌握安全文化建设方法，借鉴先进企业的经验做法，推进全国各行业、各企业单位的安全文化建设不断取得新成效，为保障安全生产，实现安全发展，发挥强有力的思想文化保障作用。

杨元元

2011年3月24日

前　言

为了进一步加强安全文化建设，传播安全文化知识，国家安全生产监督管理总局政策法规司决定组织编写《安全文化知识读本》（以下简称《读本》）。

自20世纪80年代安全文化的概念被明确提出以来，我国安全文化建设经过20多年的发展，在党和国家及政府部门有关领导的关心和支持下，取得了长足发展。为了对安全文化的理论和实践经验进行全面总结，使政府安监人员和企业安全管理人员，以及相关人员认识安全文化的基本概念，学习安全文化的理论知识，应用安全文化的建设方法，提供基础、科学的指导，有必要编写一本《读本》。

安全文化是安全生产的灵魂。安全文化建设是巩固安全基础的一项长期性、战略性的任务。采取多种形式，大力宣传和普及安全文化知识，强化安全意识，提高安全素质，培养安全技能，是促进安全生产状况持续稳定好转的重要措施。编辑出版《读本》旨在统一对安全文化的认识，传播安全文化知识，进一步促进公民安全素质的养成，预防和减少生产安全事故。

《读本》共分为四章。第一章对安全文化基本知识进行综述，介绍了安全文化定义、安全文化研究的范畴、安全文化的地位与作用及安全文化的发展历程；第二章从安全管理、安全科技与安全文化建设方法的角度，对安全文化外延与拓展进行了论述；第三章对安全文化建设的相关要素进行了论述，主要包括安全理念、安全承诺、安全执行力、安全自律、安全文化素质培养、安全信息传播、企业安全文化建设方法及安全文化建设评估；第四章介绍了全国部分企业安全文化建设的范例供阅读者借鉴参考。

《读本》第一章第一节、第三章第一节由中国矿业大学（北京）傅贵执笔；第一章第二、三、四节，第二章第二节，第三章第八节以及第四章第一节由中国地质大学罗云执笔；第二章第一节，第三章第三节由山东建大安全文化研究所刘发东执笔；第三章第七节由刘发东、罗云执笔；第三章第二节由国家安监总局安全文化研究所李强执笔；第三章第四节由华北科技学院王淑江执笔；第三章第五、六节由北京铁路局宣传部孙生会执笔。罗云、傅贵、刘发东等为本书做了最后的通稿工作。

本书的出版得到了北京铁路局、兖矿集团鲍店矿、三门峡华阳发电有限责任公司等企业及煤炭工业出版社等单位的大力支持和帮助，在此一并表示感谢！

因编写水平有限，不足之处，敬请读者指正。

国家安全生产监督管理总局政策法规司

2010 年 10 月于北京

目　　次

第一章　安全文化基本知识

第一节　安全文化定义

科学定义安全文化是建设安全文化的基础。目前国内外一些学者和专家从不同的角度，针对不同的需要对安全文化作出了相应定义，对全面推进安全文化建设工作具有基础性的指导意义。

一、安全文化产生

安全文化是人类生存和社会生产过程中的主观与客观存在，因此，安全文化伴随着人类的产生而产生，伴随着人类社会的进步而发展。但是，由于人们长期对事故本质和规律认知的局限，以及对安全保障软实力认识的不足，致使人类在近20年才开始有意识地发展和建设安全文化。

在世界工业生产范围内，有意识并主动推进安全文化源于高技术和高危的核安全领域。1986年4月25日发生的前苏联切尔诺贝利核事故在核能界引起了强烈震撼，人们重新审视了事故的致因和安全管理思想及准则，与此同时，20世纪80年代末兴起的“企业文化”这一管理思想在世界范围内得到广泛应用。结合该管理思想，1986年INSAG（国际核安全咨询组）在切尔诺贝利核事故评审会的总结报告中第一次出现和采用“安全文化”这个术语。随后，INSAG在1991年出版的安全丛书75－INSAG－4中提出了“安全文化”这一全新的安全管理思想和原则，并强调只有全体员工致力于一个共同的目标才能获得最高水平的安全。

由此，20世纪90年代核安全管理思想主要侧重和体现了安全文化的建设，它既强调组织建设，又注重个人对安全的贡献。安全文化作为安全科学和安全管理的基本思想和原则，其产生与核能界安全管理思想的演变和发展息息相关、一脉相承，是安全科学管理思想发展的必然结果，同时也是现代企业管理思想和方法在核能界的具体应用和实践。

我国核工业企业追随国际核工业安全的发展步伐，把国际原子能机构的研究成果和安全理念介绍到了国内。1992 年中文版《核安全文化》出版。1993 年劳动部部长李伯勇指出：“要把安全工作提高到安全文化的高度来认识”。在这一认识的基础上，我国的安全科学界把这一高技术领域的安全思想引入到传统产业，把核安全文化推广到了一般安全生产与安全生活领域，从而形成了我国一般意义上的安全文化。截至今天，安全文化已从核安全文化、航空航天安全文化等企业安全文化，拓展到了全民安全文化。

核安全文化的起步标志着人类推进安全文化从自发到自觉，从无意识到有意识，从狭义认识到广义认识。但人类安全文化的存在和发展可以追溯到更远久的历史。

人类的安全文化伴随人类自身生存与发展。人类的安全文化可分为四大发展阶段。

（1）17 世纪前，人类安全观念是宿命论的，行为特征是被动承受型的，这是人类古代安全文化的特征。

（2）17 世纪末期至 20 世纪初，人类的安全观念提高到了经验论水平，行为方式有了事后弥补的特征，这种由被动变为主动的行为方式、由无意识变为有意识的安全观念，是人类安全认识的一种进步。

（3）20 世纪 50 年代，随着工业社会的发展和技术的不断进步，人类的安全认识论进入了系统论阶段，从而在方法论上能够推行安全生产与安全生活的综合型对策，进入了近代的以人、机、环境全面安全管理为特征的安全发展阶段。

（4）20 世纪 50 年代以来，人类先进科学技术的不断应用，如宇航技术、核技术的利用，信息化社会的出现，人类的安全认识论进入了本质论阶段，超前预防型成为现代安全文化的主要特征，这种高技术领域的安全思想和方法论推进了传统产业和技术领域的安全手段和对策的进步。

人类安全文化的发展脉络可见表1－1。

表1－1 人类安全文化的发展脉络

时 代	观念文化特征	行为文化特征
古代安全文化	宿命论	被动承受型
近代安全文化	经验论	事后型，亡羊补牢型
现代安全文化	系统论	综合型，人机环对策
21世纪的安全文化	本质论	超前、预防、主动型

由此可看出：从观念上体现安全本质论的倾向，从行为上实现事故预防型的趋势，这是当代安全文化突出的特征，也应是最重要、最理性的安全行为模式。当代将是安全文化建设收获的时代，随着社会发展和进步，人类安全意识将有极大的强化，企业安全核心价值得到普遍认知，人们的安全知识得到深入和广泛普及，员工防范事故的能力和全员安全素质得到极大地提高。建设和发展安全文化，为社会进步和企业发展提供了精神动力、智力支持、人文氛围和文化土壤。

二、国际安全文化定义

安全文化的概念产生于20世纪80年代的美国，其英文为“Safety Culture”。而“Culture”一词，中文一般译为“文化”，但是该词还含有“教养、陶冶、修养、培养”等意思。按照INSAG和HSCASNI（英国保健安全委员会核设施安全咨询会）关于安全文化定义，将“Safety Culture”翻译成“安全修养”或“安全素养”似乎更确切。

1991 年 INSAG 在报告中给出的安全文化定义是：“安全文化是存在于单位和个人中的种种素质和态度的总和，它建立一种超出一切之上的观念，即核电厂的安全问题由于它的重要性要保证得到应有的重视”。

HSCASNI 认为，INSAG 关于安全文化的定义是一个理想化的概念，在定义中没有强调能力和精通等必要成分，提出了修正的定义：“一个单位的安全文化是个人和集体的价值观、态度、能力和行为方式的综合产物，它决定于保健安全管理上的承诺、工作作风和精通程度。具有良好安全文化的单位有如下特征：相互信任基础上的信息交流；共享安全是重要的想法；对预防措施效能的信任等。”

三、国内安全文化定义

国家安全监管总局《“十一五”安全文化建设纲要》中将安全文化定义为：“安全文化是安全生产在意识形态领域和思想观念上的综合反映，包括安全价值观、安全判断标准和安全能力、安全行为方式等。”这个定义与《企业安全文化建设导则》（AQ/T 9004—2008）、《企业安全文化建设评价准则》（AQ/T 9005—2008）中的安全文化定义类似，都强调安全价值观和态度，因此也可以表达为决定行为方式的指导思想，或者指导安全实践的安全理念。

北京市《“十一五”安全文化建设纲要》中将安全文化定义为：“安全文化是人类开展安全生产和安全生活各项活动所创造的物质财富和精神财富的总和。”这一定义是基于文化学一般文化定义基础上的广义安全文化的定义。

《中国安全文化建设》中将安全文化定义为：“安全文化是人类在生产生活的实践过程中，为保障身心健康安全而创造的一切安全物质财富和安全精神财富的总和，它包含着人类的社会实践活动，科学技术的发展，物质财富的产出和人的意识形态的总和；是个人和团体中的种种素质和态度的总和；是价值观、能力和行为方式的综合产物。”

《企业安全文化建设》中给出了如下定义：“安全文化是人类安全生产与生存活动所创造的安全理念、态度、价值观等精神层面和安全行为方式、习惯以及安全物态的总和。”

目前，在国内许多关于安全文化的论文或宣传材料中，看到诸如提高全民安全文化素质、倡导安全文化、普及安全文化、学习安全文化等说法，这些说法实际上都是将安全文化看成了一种人们对安全与健康的意识、观念、态度、知识和能力等的综合体，而不是广义安全文化的概念。从广义的角度讲，安全文化不仅仅包涵安全理念、安全意识、安全情感、安全价值观、安全态度、安全心理、安全认知、安全行为准则等内在文化素质，还包涵安全理论体系、安全知识系统、安全行为方式、安全行为习惯、安全制度、安全标准、安全环境和氛围等外在的文化表象和载体。

综上所述，要统一安全文化的定义是困难的，也是没有必要的，但各种定义或概念可总结归纳出如下共识：

（1）安全文化的基本出发点是以人为本，安全第一。

（2）安全文化的范畴既包括精神、思想层面的，也包括行为、制度、物态层面的。

（3）安全文化的内涵是安全观念文化和安全行为文化。

（4）安全文化的外延涉及安全科技、安全管理和安全制度及安全环境等。

（5）安全文化的基本形态是人的安全意识、态度、价值观、行为方式等。

（6）安全文化建设的目的是提高人的安全素养，实现人本安全。

四、安全文化的相关术语

由上述安全文化概念，引出如下安全文化的基本术语体系。

（1）安全观念文化：是组织（单位、企业或社区，下同）

成员全体一致、高度认同的安全方针、安全理念、安全愿景、安全价值观、安全目标、安全态度等精神文化形态的总和。

（2）安全行为文化：是组织全体成员普遍、自觉接受的安全职责、安全行为规范、安全行为习惯、安全行为实践等有意识的行动与活动。

（3）安全制度文化：是组织成员对确保安全法律、规程、规范、标准的理解、认知和自觉执行的方式和水平。

（4）安全物态文化：是组织、企业或社区空间内的安全生产或活动的条件、安全信息环境、安全标志、安全警示等安全文化物态载体的总和。

（5）安全理念：是组织决策者和成员共同秉持与追求的安全理想与信念。

（6）安全价值观：是指被组织的员工群体所共享的、对安全问题的意义和重要性的总评价和总看法。

（7）安全绩效：基于组织的安全承诺和行为规范，与组织安全文化建设有关的组织管理手段的可测量结果。

（8）安全承诺：是组织领导者、管理者为实现组织安全目标，所涉及的安全法律法规、安全制度规范和安全生产绩效等要约的同意，以及组织成员对自己安全责任的履行及安全行为在思想和意志上作出的保证。

（9）安全意识：是组织成员对自身角色安全责任和安全感的认知和定位，是成员脑海里形成的安全概念、想法和思路。

（10）安全使命：是指为实现组织的安全愿景而必须完成的核心任务。

（11）安全愿景：是指组织用简洁明了的语言描述的组织在安全问题上未来若干年要实现的志愿和前景。

（12）安全志向：是指在组织和个人的安全绩效上追求卓越的意愿和决心。

（13）安全目标：是为实现其安全使命，而由必须采取的行动计划所确定的行动方向和标准。

（14）安全态度：是指在安全价值观指导下，组织成员个人对各种安全问题所产生的内在反应倾向，是组织管理者和成员对安全目标和任务的心态、想法与信心。

（15）安全行为习惯：是组织成员长期传承或自然形成的行为惯式。

（16）安全行为规范：是指组织对其成员制定的安全行为要求和行为标准。

（17）安全素养：是指社会人或组织成员所具备的基本安全知识、安全能力，以及安全观念和安全行为表现的总和。

（18）安全激励：是组织采用政治荣誉、行政经济、人性心理、社会道德、家庭亲情等方法和手段，对成员安全行为加以肯定与促进，从而使其能够主动、自觉地做出安全行为，最终实现安全目标的文化引导方法方式。

（19）安全参与：是指组织全体成员和直接或间接相关的人员，共同投身于安全活动或工作，并为组织的安全改进和完善发挥作用和作出贡献。

（20）安全沟通：是指组织内部上下级或组织与外部之间应用特定的方法，如视觉、符号、数字、文字、图像等媒介方式，应用传真、电话、网络等通信工具，进行的安全信息、安全经验、安全知识、安全思想的交流与传递。

（21）安全楷模：是指安全意识强、安全态度端正、安全责任感强，在安全工作中表现突出的先进模范人物或单位。

（22）安全文化建设：是指通过综合的组织管理手段，使组织的安全文化不断进步和发展的过程。

第二节　安全文化研究范畴

一、安全文化的研究对象

安全文化的研究目标是以辩证的历史唯物文化观，研究人类生存、繁衍和发展的历程中，在生产生活及实践活动的一切领域内，为保障人类身心安全与健康并使其能安全、健康、舒适、高效地从事一切活动，预防、避免、控制和消除事故灾害（人为灾害及自然灾害）和风险所创造的安全物质财富和安全精神财富。研究和发展人类的安全文化，就是要通过确立以人为本、安全第一的安全理念，实现人们生存权、劳动权、生命权的维护和保障。

安全文化的研究的具体对象分为：安全观念文化、安全行为文化、安全管理文化和安全物态文化四大范畴。

1. 安全观念文化

安全观念文化是一个组织、单位或企业全体成员一致并且高度认同的安全方针、安全理念、安全意识、安全态度、安全承诺、安全价值观、安全愿景、安全使命、安全认知等精神和意识层面的总和。安全观念文化是安全文化的核心和灵魂，是形成和决定安全行为文化、制度文化和物态文化的基础。

当代，研究建立组织或企业优秀安全观念文化的内容包括：科学发展的观念、以人为本的观念、超前预防的观念，以及安全优先保障的观点、安全就是效益的观点、风险最小化的观点、合理与最适安全性的观点、安全管理科学化的观点等。对于企业负责人和管理者需要研究和建立社会责任的观念、安全也是生产力的观念、事故可预防的等观念，对于企业员工需要增强自责自律的观念、自我防护的观念、事故防患未然等观念和意识。

2. 安全行为文化

安全行为文化是组织全体成员普遍、自觉接受的安全职责、安全行为规范、安全行为习惯、安全行为实践等有意识的行动与活动。安全行为文化是在安全观念文化指导下，人们在生活和生产过程中的安全行为准则、安全价值关系、思维方式、行为模式的表现。

对于安全行为文化的研究，需要分析和探讨安全责任落实、安全素养培塑、安全行为规范、安全制度执行、安全习惯养成、安全激励方法、安全参与方式、安全楷模的建立等。安全行为文化既是安全观念文化的反映，同时又作用和改变安全观念文化。现代工业化社会，需要发展的安全行为文化主要有：运用科学的安全思维方式；建设学习型组织，强化高质量的安全学习；执行严格的安全规范，提高安全法规标准的执行力；进行科学的安全领导和指挥；掌握必需的应急自救技能；进行合理的安全决策和操作等。

3. 安全制度文化

安全制度文化是指组织、单位或企业成员对安全法律、规程、规范、标准的理解、认知和自觉执行的方式和水平。企业的安全制度文化是企业安全管理的根基，能够决定企业安全管理的成败与效能。安全制度文化能对社会组织（或企业）及其成员的行为产生规范性、约束性影响和作用，安全制度文化集中体现安全观念文化和安全行为文化对人的要求。

安全制度文化的建设从社会层面上讲，包括建立法制观念、强化法制意识、端正法制态度，科学地制定法规、标准和规章，严格的执法程序和自觉的执法行为等。从企业层面上讲，安全制度文化的建设主要需要研究如何提高安全制度的执行力，如何提升安全管理的科学性及有效性，如何拓展丰富安全管理的方法和手段，如亲情式管理、参与式管理、人性化管理、激励式管理、自律式管理等。目前，有的行业和企业正在探索和研究，如何从经验管理到科学管理，再从科学管理到文化管理。因此，文化管理正在逐步成为安全管理发展的新体系和必然趋势。

4. 安全物态文化

安全物态文化是组织、企业或社区空间内的安全生产或活动的条件、安全信息环境、安全标识、安全警示等安全文化物态载体的总和。企业安全物态文化是安全观念文化、安全行为文化和安全制度文化的载体和形态表现。

安全物态文化是安全文化的表层部分，它是形成和表现安全观念文化和安全行为文化的条件和形式。安全物态文化包含安全识别系统、安全警示氛围、安全人文环境、安全条件状态、安全信息沟通等。从安全物态文化中往往能形象化地体现出组织或企业领导的安全认识和态度，反映出组织或企业安全管理的理念和哲学，折射出安全行为文化和制度文化的成效。所以说物态是文化的体现，又是文化发展的基础。

企业安全生产过程中的安全物态文化主要体现在：

(1) 人类技术和生活方式与生产工艺的本质安全性。

(2) 生产和生活中所使用的技术和工具等人造物及与自然相适应有关的安全装置、仪器、工具等物态本身的安全条件和安全可靠性。

(3) 有形的安全文化氛围（标志、警示、声光环境、人文器物等)。

安全物态文化不是对安全技术和安全装备、设施等有形安全物态的代替，而是对其的丰富和补充。

二、安全文化涉及的子文化

安全文化涉及的领域、行业、对象、形态是多方面的，从不同的角度划分，可形成不同的子文化体系。比如，从文化的形态划分，安全文化包含观念文化、行为文化、制度文化、物态文化等子文化；从对象体系方面划分，包含决策层安全文化、管理层安全文化、执行层安全文化等；从领域角度划分，包含企业安全文化、校园安全文化、家庭安全文化、社会安全文化等；从行业角度划分，包含交通安全文化、消防安全文化、工业安全文化等。

1. 企业安全文化

企业安全文化是企业生产活动中所创造和形成的安全观念、安全行为、安全制度和安全物态文化的总称。建设企业安全文化的根本目的是提高全员安全素质。人的安全素质大体分为两个层面，一是基本层面的安全素质，主要指安全知识和技能；二是根本安全素质，主要包括安全观念、意识、态度、认知、道德、情感等人本性方面的要素。因此，通过建设先进的企业安全文化，可为企业提供精神动力与智力支持，提高企业安全生产的软实力，最终达到安全生产的目标。

企业安全文化建设就是要让以人为本、科学发展、和谐社会的理念深入每一个人的内心，让生命安全成为全社会的共识。企业安全文化建设是期望用文化的力量，将现代先进的企业安全文化灌输于企业，使安全意识和责任内化于脑、固化于制、外化于行；使安全行为成为企业每个员工自觉的心理契约，而不是表面的“应付”；使先进的企业安全文化成为企业生存的精神动力和智力支持。

建设我国企业安全文化，首先需要研究适合于我国企业实际的安全文化建设的基本理论和原理，以便指导企业安全文化建设；其次要通过科学有效的建设方法和工具，发展和创新企业安全观念文化和行为文化，合理有效地运用宣传教育、培训演练、科学普及、知识传播、技术推广、文学艺术等手段，实现企业全体员工的观念更新、意识强化、态度端正、技能提升及情感升华。

2. 校园安全文化

校园安全文化是在中小学校及大学这一特定的环境中有关师生安全意识、理念、情操和学校的规章制度、组织形态、物理环境等相互交融而形成的综合体系。其主要内涵可概括为：

（1）校园安全观念文化。主要包含两大系统，一是信念系统，即信条、理想、奋斗目标等；二是价值系统，即道德、审美、精神等。在此观念下的安全教育包含两大内容，一是以热爱生命、尊重生命、善待生命为核心的人生观、世界观、价值观教育；二是安全意识教育和安全防范教育，主要包括：交通安全教育，消防安全教育，社会治安安全教育，食品卫生及疾病预防教育，预防触电、溺水、煤气中毒教育，校内活动安全教育，校外活动安全教育，森林防火教育等。

（2）校园安全行为文化。校园安全行为文化就是在安全观念文化的指导下，宣传积极健康的生活态度和意识。在安全意识教育和安全防范教育的配合下，关口前移，抓行为体现，一则为保障校园全体师生及工作人员的生命安全与健康，如顺序上下楼梯的行为能有效避免踩踏等事故的发生；二则培养具有自主安全意识和自主安全行为的新时代公民。

（3）校园安全制度文化。这是学校在安全管理中带有强制性的义务和保障师生权利的规定，是实现安全教学的有力措施和手段。学校不断充实完善各项安全规章制度，不折不扣地执行安全规章制度的过程就是创建和推行校园安全文化的过程。制度要依法制定，以人为本，科学落实，做到规范化、网络化。

（4）校园安全物态文化。校园安全物态文化主要指学校教育教学中为保护师生安全的设备设施、防护用品及为改善工作环境和工作条件而进行的环境建设两个方面。具体包括：①安全工具。灭火器，供应食物（饮用水、食堂购物渠道等），交通车辆，安全员的通信设备，安全信息的传递，电器用品的质量等。②工程技术。房屋墙体的质量施工要求（如教学楼的护栏达到1.1米以上的高度），地面防滑技术（如教学楼楼道不宜使用抛光地砖），电梯等。③实验室的装备技术，医务室的医疗技术等。

实际上，上述安全物态不仅体现在建设方面，还体现在人对安全物态性能的了解及其使用上，如化学实验中不能轻易使用水来灭火等。

3. 消防安全文化

消防安全文化是生产与生活实践中建立的消防安全观念、消防安全行为方式与消防安全条件等的总和。人类在同火灾作斗争的过程中，形成了应对火灾的意识，提高了应对火灾的能力，建立了应对火灾的环境。通过消防安全文化的建设，培养全民防范火灾的意识，并通过群众性防火灭火的参与，提高全民应对火灾的能力和素养，坚实全民的消防安全思想和行为基础。消防安全观念文化包括：人民大众防患火灾的意识、灭火的意识、自救和互救的意识等。要建立正确的消防态度和观念，还必须考虑防火灭火的基本知识和技能，经过宣传、培训和演练，做到全民掌握，临危不乱。只有这样，才能真正提高全民的消防安全文化素养。通过对“隐患险于明火”、“防范胜于救灾”等消防观念的宣传、教育和引导，使人人都自觉地加入同火灾作斗争的行列中去，才能在全社会真正落实预防为主，防消结合的消防方针，保护全民的安全与健康。

4. 交通安全文化

交通安全文化是指全民认同的交通安全观念、理念及自觉遵循的交通安全规章、制度、行为规范等构成的外显文化，它是全民参与交通安全建设与实践的重要保障。交通安全观念文化是将硬性的交通安全规章制度与安全交通行为相联系的中间桥梁，要建立这种桥梁就要普及交通安全常识，培养全民自觉安全交通行为的意识，实现交通零事故的安全目标。交通安全行为文化是指全民在工作生活过程中产生的促进交通安全行为的活动文化，它是交通安全氛围的动态体现，也是交通安全理念的折射。交通安全行为文化建设应以规范参与交通方式，增强交通法规意识，培养遵守交通规章制度的习惯为目标，对职业司机进行职业道德、科学文化、技术业务的学习和培训，对全民要以丰富多彩、深入人心的交通安全宣传活动为基础，以交通安全行为的先进典型示范和警示教育为手段，促使交通参与者能够进行科学的安全思维，执行严格的交通安全规章制度，掌握交通事故发生时所必需的应急自救技能。交通安全文化的建设必须重视交通规章制度是否规范有效、科学合理、与时俱进。为此，各交管部门可建立起对安全管理体系、规章制度体系、规程标准体系的定期审查机制，在保证制度延续性的基础上，根据形势的变化进行必要的修改完善。还应注意寓安全价值观和安全理念于制度之中，加强安全制度和法律法规的宣传培训，使全民认知并认可，争取使交通安全制度得以自觉遵循。

安全文化的子文化还可分解出许多，如公共安全文化、社区安全文化、家庭安全文化等。

三、安全文化学体系

安全文化涉及人类生存、繁衍和发展的历程，存在于人类所从事生产生活及生存活动的一切领域。因此，安全由技术的范围拓展到非技术领域，从自然科学领域拓展到社会科学领域，发展到安全经济学、安全心理学、安全行为学、安全思维学、安全法学、安全人机功效学、安全教育学、安全社会学、安全减灾学、安全风险学、安全宇航学、安全系统学等领域，最终形成了完整的安全文化学学科体系。

安全文化学的学科体系由安全文化学理论、安全文化的基础科学与安全文化的应用科学三个层次构成，见表1－2。

表1－2　安全文化科学的体系内容

安全文化学理论	安全文化的理论基础学科	安全文化的应用理论学科	安全文化的应用技术学科
安全文化学基础、安全文化的研究理论、安全文化的建设理论等	安全观念文化范畴：安全哲学、安全伦理学、安全科学原理、安全史学等 安全行为文化范畴：安全行为科学、安全心理学、安全人机学等	安全行为文化范畴：安全文学艺术、安全行为模式等 安全管理文化范畴：安全文化管理模式、安全法制文化、安全管理体系等 安全物态文化范畴：安全人机工程、安全系统工程等	安全行为文化范畴：安全教育培训方法、安全宣传方法等 安全管理文化范畴：安全政策激励、安全经济激励、安全人文管理等 安全物态文化范畴：安全形象工程、安全标志工程、安全信息传播等

安全文化学基础研究的内容包括安全文化定义、概念、内涵、范畴等发展安全文化的基础性问题。

安全文化研究理论的研究内容包括：文化学理论、安全文化与其他文化的关系、安全文化与其他学科的关系，以及安全文化一般性理论等。

安全文化的建设理论内容包括：安全文化的建设模式、安全文化的载体、建设企业安全文化的理论等。

四、企业安全文化建设载体

企业安全文化建设载体主要有适用于企业安全文化建设的四大基本类型和具有班组岗位针对性的企业班组岗位安全文化建设载体两大类。

（一）企业安全文化建设载体基本类型

1. 企业安全文化建设的艺术载体

企业安全文化建设的艺术载体就是通过安全文艺、安全漫画、安全文学（小说、成语、散文、诗歌等）等寓教于乐的方式，将先进的安全文化理念、态度、认识、知识传播给每一个员工，将技能和规范全面传播，使其形成良好的安全行为习惯。近年来，很多地区和企业开展了安全文化专场晚会、安全警句创作比赛、安全漫画创作竞赛、安全在我心中演讲比赛等，就是企业安全文化建设较好的方式和载体。

2. 企业安全文化建设的宣传教育载体

长期开展的安全教育培训活动，是企业安全文化建设最为实用和有效的载体。如安全三级教育、全员安全教育、家属安全教育、特种作业培训、管理人员资格认证、火险应急训练、灭火技能演习、火灾逃生演习、爆炸应急技能演习、泄漏应急技能演习等，都是企业安全文化建设的实用载体。通过教育传播安全知识，通过培训提高职工安全技能。

3. 企业安全文化建设的活动载体

开展各种形式多样、生动活泼的安全活动，是企业安全文化建设的重要载体。如每年的“三个第一”活动（第一个文件是安全文件、第一个会议是安全大会、第一项活动是安全培训等）、事故警示活动、事故告示活动、事故报告会、事故祭日活动、班组读报活动、安全知识竞赛活动、安全生产周（月）、白日安全竞赛活动、“四不伤害”活动、班组安全建“小家”活动、开工安全警告会、现场安全正计时、安全汇报会、安全庆功会、安全人生祝贺活动、亲情寄语活动等。

4. 企业安全文化建设的物态环境载体

企业安全文化建设的环境物态方式也是重要而有效的建设载体。其具体方式包括硬环境和软环境。硬环境包括：安全标识系统、技术警报系统、文化环境系统、事故警示系统等；软环境包括：先进观念灌输、亲情力量感染、政治思想攻心等。如现场安全色的科学利用、创造有利于身心的声音环境、技术声光报警系统、安全宣教室、现场安全板报、事故图片展板、安全礼品系列、现场安全格言系列、现场亲情展板、安全标志建设、安全文化长廊、安全纪念墙（碑、板、牌）等都是一些具体实际的安全文化建设环境物态载体做法。

（二）企业班组岗位安全文化建设载体

班组岗位载体系列就是设计班组现场安全管理模式和班组安全文化建设活动方式等，以达到夯实班组基础、提高作业人员整体素质，实现安全生产的目的。

班级岗位载体主要有：班前“三讲”（讲风险、讲规范、讲要求）活动；实行“六预”行为模式（预知、预想、预查、预警、预防、预备）；实行动态安全现场管理；开展班组风险防范献计献策活动；开展伤害预知预警活动（KYT）；建立班组长动态管理机制；建立灵活的班组长培训教育机制；推行班组长安全业绩考核激励机制；开展现场管理达标竞赛活动；班组绩效考核评价体系等。重点介绍以下班组岗位安全文化建设模式：

1. 安全生产标准岗建设

近年来，在我国国有企业率先推行了安全生产标准岗建设，首先创建了安全生产标准岗班组，在人员素质、生产环境条件、作业程序管理、事故防范等方面，进行了现场岗位安全标准的制定和落实。通过安全生产标准岗建设，提高了企业班组事故预防的能力和水平。

2. 安全生产精品岗建设

有些企业开展安全生产精品岗建设，强化岗位精品意识，大力开展品牌创建活动，从安全文明生产、工程安全质量等基础工作入手，通过对人的安全操作行为规范以及岗位安全文明行为的规范，实现人和物的现场动态达标，对安全质量标准化工作的整体发展和建设本质安全型企业起到了促进作用。

3. 推行班组岗位安全生产“三法三卡”模式

班组“三法三卡”模式的理论基础，一是根据安全文化学的理论，人的安全文化核心是两个方面，即观念文化和行为文化，“三法”是行为文化的体现，“三卡”是观念文化的要求；二是根据安全行为学理论，人的基本安全素质的两个层面，即安全知识和安全技能，“三法”是安全技能要求和体现，“三卡”是安全知识体系及内容。

设计“三法三卡”的目的是使高危作业的现场员工了解和熟悉现场风险因子性质和基本信息，掌握作业过程中对风险有效控制和防范的方法措施，提高对现场风险、可能事故、职业病及环境危害事件的预防能力，提高员工安全技能和素质，有效控制各类危险、有害和环境影响因素，明确各岗位在风险控制和应急反应中的职责。

“三法”指职业健康保障法——H（Health）法、职业安全保障法——S（Safety）法、环境保护法——E（Environment）法。“三法”是行为文化，是技能要求。H 法是预防职业病的方法体系，主要内容包括危害类型、有害因素名称、预防及控制措施；S 法是预防作业岗位事故发生的方法体系，主要内容包括危险类型、危险因素名称、预防及控制措施；E 法是防范环境污染事件的方法体系，主要内容包括污染类型、环境污染因素名称、预防及控制措施。

“三卡”指安全作业指导卡——MS 卡（Must/Stop 卡）、岗位有害因素信息卡——HI 卡（Hazard Information）、岗位作业安全检查卡——DI 卡（Danger Information）。“三卡”是观念文化，是知识体系。MS 卡表明员工各种作业过程的安全检查要求，主要内容包括必须达到的安全作业条件及岗位禁止行为；HI 卡提供作业岗位可能接触到的有害物质信息。其主要内容为有害因素名称、致因物、物理特性、化学特性、特性识别、接触反应、急救措施等；DI 卡提供作业岗位的危险因素、现实危险源、状态危险源信息。其主要内容为危险因素名称、起因物、产生原因、后果影响、救护反应及风险等级等。

“三法三卡”体系对于不同的行业可以选择不同的种类，如石化、冶金、危化品等行业，“三法三卡”内容为一般意义上的内容结构，即上述“三法三卡”内容。对于煤矿、非煤矿山、建筑、机械制造等行业，“三法”是 S 法——岗位安全保障法、H 法——岗位健康保障法、K 法——岗位关键作业操作法；“三卡”是 MS 卡——岗位作业安全检查卡、DI 卡——岗位危险因素信息卡、HI 卡——岗位危害因素信息卡。

第三节　安全文化的地位与作用

一、安全文化与安全生产的关系

安全生产是安全文化的物质基础，没有安全生产，安全文化就无从谈起；反过来说，安全文化又是安全生产的推动力，它为安全生产提供了强有力的保证，是安全生产的精神动力和智力支持。只有建设好安全文化，才能真正实现无事故、无伤害、无损失的安全生产状态和目标。著名经济学家于光远曾经说过：“国家富强在于经济，经济繁荣在于企业，企业兴旺在于管理，管理优劣在于文化”。

安全生产不是只靠一句口号、几条标语就能实现的，而是要将安全文化的理念贯彻到生产经营的全过程，并把它牢牢印入人们的潜意识中。安全意识的牢固树立，防护能力的全面提高，必须靠管理创新来实现。对于一个企业来说，管理创新之一就是企业的安全文化。企业安全文化事关企业职工群众的生命和生活质量，安全文化创建活动要以职工群众为主体，营造浓厚的企业安全文化氛围，促进企业安全生产。安全、和谐的社会是每一个人的向往。现代企业职工有自己的价值和道德观念，也有自己对安全文化的理解，要形成全体员工广泛认同的价值观念和安全文化观念，就必须从提高企业职工的安全文化素质入手。

人的安全思维、行为、心理意识、安全法治观念和安全技术水平等都可以反映出自身的安全文化素质。由于经济基础、物质条件、人员素质等方面的局限性造成了人们对事故和风险的失误分析与判断，导致事故隐患经常存在，这是一个不容忽视的事实，好在很多企业已经意识到安全文化是安全生产的推动力，通过安全文化的力量改变安全生产现状。安全文化代表了最广大人民的利益，安全文化的形成，必然推动安全生产的发展。

二、安全文化是安全生产的软实力

十七大报告提出“文化软实力”这一概念，文化软实力是科学发展观的必然要求。文化是现代管理理论、管理思想、管理方式研究与实践的成果，安全发展需要安全文化。安全文化是安全科学发展之本，是实现安全生产的关键所在。

对于企业来说，如果企业安全文化是这个企业的思维模式、行为规范，是被企业职工广泛认同的价值观的话，那么企业安全文化就是价值观的灵魂。企业安全文化好比软件，代表着一个企业的形象；企业安全生产好比硬件，代表着一个企业的实力。只有软件与硬件很好地配合，这个企业才能始终走在时代的前列，才能在激烈的市场竞争中立于不败之地。

三、安全文化促进安全生产

安全文化作为人类安全价值观及行为准则的总和，对人的安全观念、安全意识、安全态度等有着深刻广泛的影响。搞好我国的安全生产工作，除加强传统的安全监督和管理，还必须从安全文化的高度来认识和开展安全工作。正如中国劳动科学研究院徐德蜀教授所说："安全文化才是解决我国意外伤亡事故的金钥匙；建立和形成珍惜生命、善待人生的安全文化氛围和安全习俗与行为，是实现大众安全生产、安全生活、安全生存活动的根本所在；养成和塑造人的安全意识、安全思维、安全行为、安全价值观、安全哲学，得依赖于安全教育，依赖于安全文化的传播，受益于安全文化的熏陶。"

从安全生产理论来看，要搞好安全生产，首先得从安全文化建设入手。美国安全工程师海因里希的工业安全理论认为，人的不安全行为、物的不安全状态是导致事故发生的直接原因，大多数的工业伤害事故都是由于工人的不安全行为引起的。系统安全理论认为，对于已经建成并正在运行的系统，管理方面的疏忽和失误是导致事故的主要原因。在多数情况下，由于企业管理不善，使工人缺乏教育和训练或者机械设备缺乏维护、检修以及安全装置不完备，导致了人的不安全行为或物的不安全状态。因此只有培育出优秀的安全文化，以优秀的安全文化为基础和氛围铸造安全盾牌，才能保证和推动安全生产的健康、和谐发展。

四、安全文化的本质安全作用

本质安全的内涵包括两个方面，一是物本安全，二是人本安全。物和环境的本质安全化就是采用先进的安全科学技术，推广自组织、自适应、自动控制与闭锁的安全技术。人本安全就是从人的角度来认识要达到本质安全所需的条件。人的本质安全指出人的安全素质不仅仅是人的安全知识和安全技能，还取决于人的安全意识、观念、伦理、情感、态度、认知、品德等人文素质因素。认识了人的根本性或本质性的素质，就自然而然得出要提高人的安全素质就需要利用文化的力量，需要用文化的力量塑造本质安全型人。因此，加强和推进安全文化建设已成为一种必然，因为，只有进行安全文化建设才能实现人的本质安全。

安全文化是在安全生产中形成的物质产品和精神产品的总

和，对安全生产起着决定性作用。人是生产过程中最活跃的要素，是安全生产的实践者，也是起主导作用的因素，原因是物的不安全状态，无论是出现在设计阶段、生产阶段，还是使用阶段，也都是由人来完成的，从主观上提高人的安全素质和安全技能，就能最大限度地减少事故的发生。因此，要搞好安全工作，促进安全文化的健康发展，就要坚持以人为本，实现本质安全，这样才能促进安全生产。

第四节　安全文化发展

一、我国传统文化中的安全文化

安全文化是人类文化的组成部分，它是在人类生产生活过程中所形成的，调适人与人、人与社会、人与自然之间的关系，以防止事故、抵御灾害、维护健康的文化。安全文化是以保护人的生命和健康为目的而产生和发展起来的，因此，凡是能够实现这个目标的安全文化，其自身必然要满足先进文化的基本要求，并成为先进文化的重要组成部分。

1. 当代安全文化是有利于促进当前社会生产力发展的

社会生产力是人们改造自然获取物质生活资料的力量，由劳动者、劳动资料和劳动对象等基本要素构成。在生产力构成的诸要素中，起决定作用的因素是人（劳动者）而不是物，因为人是生产力中的能动因素，任何生产工具都要人来创造和使用，物质资料的生产必须经过人的劳动才能实现。在生产过程中，劳动者的素质高低对其所就职的企业来说，直接与企业的经营效益相关，进而间接对社会生产力产生很大的影响。劳动者的素质是多方面的、复杂的综合体，安全素质应该是劳动者整体素质的重要方面。而安全文化则是以保护人的身心健康，注重人的生命，实现人的价值为目的的文化，它对社会生产力的促进作用主要体现在两个方面。一方面是通过安全文化的引导和激励作用，可以使劳动者的安全素质从本质上得以提高，从而提高劳动者个人的生产和生活能力，即从劳动力三要素中劳动者的角度促进生产力的发展；另一方面是安全文化的有效推行，可以减少甚至避免人类社会活动中各类人为事故的发生，防止不必要的人身伤害和财产损失，进而从物的角度保障和促进了社会整体生产力的发展。

2. 安全文化对推动社会的不断进步作出重要贡献

社会进步是一个总体概念，是由人类社会许多方面的进步汇聚成的总趋势，例如在政治体制、思想意识、科学技术、国民经济、人权保障等方面取得的进步。人类社会进步的过程，尤其是发展生产、提高生活质量的过程，是人类在认识客观世界、适应客观规律方面不断完善的过程。人类社会自始至终在不断地进步，这是总的趋势。但是，人类社会在不断前进的过程中常常会发生局部的倒退、曲折或停滞，这是人们对客观事物的规律暂时认识有误或认识不清的结果。人类在发展生产、创造社会物质文明的过程中，由于对生产中危险因素认识不足、控制不力，从而发生严重的伤亡事故和财产损失，进而暂时阻碍生产发展的例子有许多。安全文化就是要从根本上使人牢固树立安全的意识，具备安全的观念和技能，这样在社会生产不断向前发展，新情况、新问题不断出现时，人才有足够的能力防止或减少灾害的发生。总之，生产系统的进步，是社会进步的重要方面，而安全文化是保障生产系统得以顺利发展的基础。

3. 安全文化为人的正常持续发展提供了可靠的保障

与社会的进步一样，人的发展也是多方位的，包括人的知识、技能、经济收入、生活水平、人格、权力、地位等等。显然，只有有生命的人，才谈得上发展；而正常发展必须建立在人的身心健康、肢体健全的基础之上。人的正常发展是人的基本权利之一，其产生的根源是人的不同层次的需要。按马斯洛的需要层次论，人的需要总是从低级向高级不断发展的，只有低级的需要满足了，才会产生高级的需要并且想方设法去满足。安全健康是人的基本需要之一，并由此使人享有在生产和生活过程中免遭他人伤害的权利。安全文化所致力于创建的安全工作和生活的氛围，可以使人的安全需求得到充分的满足，安全权利得到完全的保障，进而保障了人向更高的正常需要持续发展。

根据以上的论述可以看出，安全文化是先进文化的重要组成部分，其性质符合先进文化的衡量标准。此外安全文化要达到保护人、爱护人的目的，其自身也必须是科学的、创新的、大众的和开放的，要随着社会的进步而不断完善，始终保持其先进的本质。

二、安全文化发展初级阶段

安全文化发展初级阶段的主要标志是人类对于灾害、事故的孕育、演变、发展和发生没有任何理性的认识，完全处于受自然摆布，被动地接受和承受灾害及事故发生后的一切结果。这一阶段从人类的产生一直延续到近代工业生产的萌芽时期。

这一阶段的早期，人们对安全的观念主要表现为宿命论。对灾害与事故听天由命，面对灾害和事故，人类无所适从，无所作为，无能为力，对保护生命和健康完全处于无知、软弱和被动承受的状态，唯一的作为是祈求神灵的保护，寄托于上帝的慈悲以及对邪恶的诅咒。流行于民间的各种神话传说及各类宗教信仰，也都寄托了人们对安全的企盼与追求。这时期人类的生活质量无从谈起，生命与健康的价值被泯灭，除了神之外，认为无人能左右生命的变化。这一阶段的安全文化被称为古代安全文化。

这一阶段后期人们的安全观念逐步有了进步，随着生产方式的变革，人类从农牧社会进入了早期的工业化社会——蒸汽机时代。此时，由于事故与灾害的复杂多样和事故严重性的扩大，人们从自身经历的实际过程中来认识安全，从每个局部事件中理解安全，逐步从生产和生活实践中学到了保护自己的经验，从完全无知者转变为局部有知者，有了与事故抗争的意识，对安全的观念表现为经验论。这时人们的行为方式向事后弥补或被动应对转变，这是由无意识的安全观念转变为有意识安全观念的过程，由被动型的行为方式转变为主动型行为方式的过程。人们学会了吸取事故教训，亡羊补牢，对于灾害和事故采取了一种就事论事、头痛医头、脚痛医脚的对策方式来保护自己的生命安全，开始摆脱无知、愚昧和被动的局面。如发生事故后，着力于事故原因的查明、当事人的教育、防范措施的制定以及经验教训的总结、事后整改对策的完善、管理中的事故赔偿与事故保险制度等都属于事后弥补的性质。这一阶段的安全文化被称为近代安全文化。

三、安全文化发展过渡阶段

安全文化发展过渡阶段的主要标志是人类对于灾害、事故的孕育、演变、发展和发生进入了理性的认识阶段，从它的演变过程中由现象到本质、由表及里地认识其内在实质，发现规律性的东西。如我国古代劳动人民通过劳动实践总结出“千里之堤，毁于蚁穴。百尺之屋，焚于隙烟”、“善除恶者察其本，善理疾者绝其源”等都是这一时期对于灾害和事故认识的结果。正是有了这种认识，人们的安全行为方式有了重大变化，力图采用综合性对策和超前措施，干预灾害和事故的发生。如曲突徙薪，就是这一时期的安全行为方式的标志，而居安思危、防微杜渐、未雨绸缪则是这时期安全思想的精华。事故致因理论的研究代表着这一时期人们主动探索事故规律，主动应对事故灾害的成果。

这一阶段安全文化的主要标志是，人们的安全观念主要表现为从系统的全过程去认识灾害、事故的孕育、演变、发展和发生；建立起了对事故系统综合认识的观念，认识到人、机、环境、管理诸因素构成了事故的综合体，事故的发生是诸因素相互作用的结果；主张在生产和生活的各方面采用工程技术与教育、管理相结合的综合方法解决安全问题，有了全面安全管理的思想；在工程技术方面主张安全与工程技术统一，讲求人机设计的协调与和谐、舒适，在设备、设施配套上推行系统安全工程等。如我国古代《天工开物》中描述抗击瓦斯及冒顶事故时指出：“将巨竹凿去中节，尖锐其末，插入炭中，其毒烟从竹中透上。

炭纵横广有，则随其左右阔取，其上支报，以防崩耳。”在教育、管理方面要求在生产与安全的管理中要讲同时计划、同时布置、同时检查、同时总结、同时评比的“五同时”原则；在安全生产的领导责任制上坚持领导向上级负责、向员工负责、向自己负责的“三负责”的原则；在安全生产的过程中，查思想认识、查规章制度、查管理落实、查现场隐患的“四查”原则；在安全管理的方法上，定期检查与日常检查相结合、普查与专项检查相结合、自查与互查相结合、全面检查与抽查相结合的“四结合”原则；在安全管理的内容上，定项目、定标准、定指标、定期限的“四定”原则。

四、安全文化发展实用阶段

从20世纪70年代以后，随着高新技术的不断应用，人类的安全文化发展进入了实用阶段。人们的注意力集中在人造系统的安全性和人造系统与自然系统匹配和融合的可靠性方面，重点放在了保护人的安全与健康、人的智能开发与安全、人因失误的控制等方面。随着新的生命价值观和安全价值观的建立，人们从人的生存权、劳动权、发展权等人权以及安全伦理道德的高度认识和保障人的安全与健康，确实把保障人们从事一切活动的安全看成是保护人类的根本利益。充分认识到安全必须从人与机器和环境的本质安全入手，人的本质安全不仅是指人的知识、技能、意识等，而且包括人的观念、伦理、情感、态度、认知、品德等人文因素，从而提出了安全文化建设的思路；物和环境的本质安全方面重点突出安全科学技术的作用，推广自组织、自适应、自控制的安全技术，促进设备与技术的系统化、自动化和智能化，达到对设备与技术的安全性、可靠性和精确性完全预知和可控的目标，研究人、物、能量、信息的安全系统论、安全控制论和安全信息论等现代工业安全原理。行为方式主要表现为超前预防，建立职业安全卫生管理体系，推行安全目标管理、无隐患管理、安全经济分析、危险预测、安全评估等安全系统工程方法。技术项目中要遵循安全措施与技术设施同时设计、同时施工、同时投产的“三同时”原则；企业在考虑经济发展、进行机制转换和技术改造时，安全生产方面要同步规划、同步发展、同步实施的“三同步”原则；进行不伤害他人、不伤害自己、不被别人伤害的“三不伤害”活动；整理、整顿、清扫、清洁、态度、安全的现场作业环境“6S”活动；生产现场的工具、设备、材料、工件等物流与现场工人流动的定置管理；对生产现场的“危险点、危害点、事故多发点”的三点控制工程等超前预防型安全活动。

五、安全文化发展展望

21 世纪的安全文化已成为全球人们关注的热点，追求并创造一个更加安全和舒适的世界，落实安全、减灾、无害的奋斗目标，已成为世界安全文化（或全球预防文化）的主旋律。中国安全文化的宝库有待进一步挖掘，其巨大的潜力需要被激发，安全文化将为安全科学技术的发展插上翅膀。

21 世纪的安全文化要服从于国家面向 21 纪高新技术领域的推进战略，应服务于安全生物高技术、安全信息高技术、安全材料高技术等。按中国国家减灾报告（1994 年 4 月发表于日本横滨）强调，要达到联合国“国际减灾十年”三大目标的步骤是：①对全国灾害风险进行综合评估。在已有分散风险评估基础上，组织力量实施综合减灾意义上的风险评估；②制定国家和地方的安全减灾规划。在现行多部门分管灾害并分灾种、分部门、分区域编制减灾规划的基础上，制定包括防备、抗御、救助一体化的国家、行业、地方的减轻灾害、实施安全的综合规划，并使之纳入国家及社会发展总体规划中；③发展并完善国家和地方现有的各种灾害预报、预警系统，形成综合灾害预报、预警系统，并与国际接轨。安全减灾是一个贯穿社会发展全过程的全民事业，是一项庞大的系统工程，其文化建设目标虽明确，但工程更为宏大精深。值得一提的是在已编制完成的国家安全生产法律法规及有关部委安全生产发展纲要中都明确将安全文化教育、宣传作为重要内容。

21世纪安全文化建设的大思路应重点体现“共建”二字，团结环保、资源、安全、减灾方面的专家，将国情、全民文化素质、全民族科普意识统一起来，制定系统的综合减灾战略。这是一项系统工程，特别应根据各部门、各地区的灾情与经济发展趋势选择主攻方向。要着眼于未来50年可能发生大灾害的设想，要有重、特大事故的预测能力，增加减灾系统工程总水平；要将中国减灾重点目标定位于大规模突发灾害上，企业减灾重点是多发性事故；要根据减灾文化的目标范围，分层次制定国家、地区、部门、企业、基层乃至个人的减灾预案，将其层层落实。

通过安全文化的宣教和传播，使大众在建立安全的人生观、安全的价值观中受到启迪，使大众对不安全的行为和习俗得以反省，达到人人力行安全、力创安全、力保安全的目的。在21世纪，倡导全民树立与时俱进的安全文化新思路与新观点。

1. 扩展和研究安全的新领域

仅研究生产领域的安全是不完整的，必须不断扩展和研究生活、生存领域的安全问题，只有这样，才可能全面地认识安全、事故、灾害的本质及运动规律。

1993年，在国际共同安全大会上，专家们强调：“世界上所有意外死亡事故中，仅有7%是职业事故，56%属其他事故。”而同年美国的生产事故（职业事故）为10%，其他事故（非生产性事故）为47.2%。20世纪80年代，日本每年非生产性事故死亡人数为生产性事故死亡人数的8倍。英、法、德的伤亡事故统计表明，生产性事故也只占总死亡人数的10%左右。而这几年我国的矿山和其他工矿企业生产性事故的死亡人数也只占全国总事故死亡人数的15%～20%。

因此，从安全科技文化的角度，要求人们树立安全的新观念，在重视安全生产的同时，把更多的力量投入到家庭安全、校园安全、消防安全、交通安全、产品安全、药物安全、保健和娱乐安全以及环境保护与其他非生产领域等的安全上。

2. 保护人所从事一切活动的安全

保护人所从事一切活动的安全观点，就要以安全生产和保护职工的安全与健康为基础，不断扩充到保护一切活动的人的安全。例如，交通安全、消防安全、减灾防灾、居家安全、休闲安全、食品安全、环境安全、农业安全、生存安全等非生产领域的安全，目的是保护人在从事任何活动时的身心安全与健康。人是一切活动中最活跃的因素，安全并健康的人才能从事社会发展、科技进步、文化繁荣的一切活动。这也体现了以人为本、珍惜生命、关爱人生、尊重人权的崇高理念。

3. 大安全观要求重视培养下一代

利用一切宣传媒介和手段，有效地传播、教育和影响公众，使其建立科学的大安全观，当务之急是培养和造就幼儿、中小学生和青年一代。通过宣教途径使人人都具有科学的安全观，职业的伦理道德，安全行为规范，掌握自救、互救、应急的防护技术，把提高全民安全文化素质作为宣传与教育的长期战略和重要课题。传播安全文化知识，开展安全科普教育和继续安全工程教育，把安全科技文化教育作为大众终身教育的内容。

4. 用大文化观来完善和拓展安全科学技术学科

国家标准 GB/T 13754—1992 即《学科分类与代码》中，安全科学技术学科被列为一级学科，其中包括 5 个二级学科，27 个三级学科，但就其学科理论和学科构架来说，仍需充实和完善。以大安全文化观进行思考，才可能形成一个非封闭的学科体系，主要涉及：安全科学技术其他学科、安全学其他学科、安全工程其他学科、职业卫生工程其他学科、安全管理工程其他学科、安全科学技术其他学科。在一定条件下，在现有学科的基础上，必然会产生新的学科，很有可能在安全、环保、减灾学科交叉、融合中会有所创新和发展，出现一些符合时代发展和科技进步的新兴安全学科。

5. 弘扬先进安全文化提高全民安全文化素质

人人需要安全，人人有责任维护安全，人人有义务创造和保障安全。坚持不懈地倡导和弘扬安全文化，能够激励和强化全民安全意识，推动安全文明的宣教活动，达到启发、教育、造就符合时代安全要求的人民大众，形成全球、全社会和谐的安全文化氛围，建造人类可持续生存和发展的，更加安全、健康、舒适的文明世界。提高全民的安全文化素质，需要世代努力、永不停息，是人类发展中的永恒追求目标之一。

6. 培养和树立超前、预防、科学的安全风险理念

全面推广和应用安全科学技术和现代高新技术，对事故进行评价、预测、预报，提倡减灾、防灾、预防文化，培养和树立超前探索的安全风险意识，以主动、科学、系统的方法，来保障人类的安全、健康和幸福。这样才能真正落实安全第一，预防为主，综合治理的根本方针。

7. 树立城市忧患和综合安全观点

大量人口聚居于大城市，工业科技化、都市现代化、乡镇城市化，这就必然会给人类社会带来众多潜在而难以控制的事故灾难，如交通、用水、用电、防火、环保、楼群建筑、医疗保健等意外灾害问题，直接影响着人民的安全与健康。因此，必须树立起安全、减灾、环保相互渗透、交叉、综合的大安全观，主张共建安全、减灾、环保科技文化，使人民在安全受到威胁之时，能应变自如，把伤亡和损失减少到最低限度，保障社会稳定，城市及社区少灾，人民安居乐业。

第二章　安全文化的外延与拓展

第一节　安 全 管 理

一、安全管理概述

1. 安全管理的含义

安全管理是为实现安全生产而组织和使用人力、物力、财力等各种物质资源的过程。它利用计划、组织、控制等管理机能，控制来自自然界的、机械的、物质的不安全因素及人的不安全行为，避免发生伤亡事故，保证职工的生命安全和健康，保证生产顺利进行，尽可能减少事故带来的财产损失。

安全管理学属于安全科学的应用理论，它对安全生产工作从组织上、管理上和制度上进行系统的、综合的研究，作出科学的理论概括。

2. 安全管理的任务

加强安全管理工作，是为实现企业安全化作业而进行的企业管理的一项重要任务。安全管理的任务从广义上讲，一是预测人类活动中各个领域里存在的危险，进而采取措施，使人类在生产活动中不致受到伤害和职业病的危害；二是制定各种规程、规定和消除危害因素所采取的各种办法、措施；三是引导人们去识别危险、防止灾害。具体讲，有以下几个方面：

（1）贯彻落实国家安全生产法律法规，落实安全第一，预防为主，综合治理的安全生产方针。

（2）制定安全生产的各种制度和操作规程，并认真贯彻实施。

（3）积极采取各种安全工程技术措施，进行综合治理，使企业的生产机械设备和设施达到本质安全的要求，为职工提供安全可靠的作业条件和环境，减少和杜绝各类事故造成的人员伤亡和财产损失。

（4）采取各种劳动卫生设施，不断改善劳动条件和环境，定期检测，防止和消除职业病和职业危害，保障劳动者的身心健康。

（5）对企业领导、特种作业人员以及所有职工进行安全教育，提高安全素质。

（6）对职工伤亡及生产过程中各类事故进行调整、处理和上报。

（7）推广和应用现代化安全管理技术与方法，深化企业安全管理，如在企业推行安全生产目标管理。

3. 安全管理的核心

安全管理的核心是人本管理。在现代管理学中，人是管理之本，管理的主体是人，客体也是人，管理的动力和最终目标还是人。在安全生产系统中，人的素质（心理与生理、安全能力、文化素质）是占主导地位的，人的行为贯穿于决策、计划、实施、监督、评价的不断循环过程中，同时也是各项管理职能作用实现的过程，人本原则贯穿于管理的各个层面。

安全管理的各层次决策中，人本原则应是第一原则。即最优先考虑保护人的身体健康、生命安全等权利，充分体现安全第一，预防为主，综合治理的基本方针，体现人文关怀。在安全生产决策中，只有把人当做有感性的生命体对待，把人作为具体的而不是抽象的人对待，才能真正贯彻人本原则。

在计划中要以人为本。充分调动管理对象中各种积极因素，努力解决现实中安全监管机构不落实，人员及经费、装备不落实的现象。充分激发和调动管理对象，激发管理对象主动关心安全、重视安全、保障安全的自觉性，实现从要我安全到我要安全的根本转变；要彻底改变目前安全生产管理中存在的“上头热、下头冷”，“上有政策、下有对策”的消极现象；要协调安全检查与生产管理中的各种关系，形成齐抓共管的综合治理格局。

在监督过程中也要体现人本原则。监督管理是管理运行过程中各项具体活动所实行的检查审核、监督督导、促进防患的管理活动。因此，安全管理人本原则的贯通，要把握好监督的出发点和落脚点；要围绕安全生产目标这一中心；要体现对人的尊重和关心。

安全管理评价要重视人的因素。管理的评价过程，是吸取经验和教训，进一步优化并推动下一个管理循环的过程。安全管理的评价，要在总结的基础上，使安全管理更有利于提高人的素质，更有益于人的发展，以实现安全管理中的良性循环。评价过程中要注意克服安全管理工作中考核的形式化、笼统化、宽泛化等现象。

安全管理因人本原则之存而存，又因人本原则之废而废。在管理活动中，作为安全生产管理主体的人始终处于主导地位，安全管理机构人员的思想素质、道德素质、法律意识和业务素质等，直接关系到管理水平的高低和管理效果的好坏，是安全管理成败的关键，更是安全生产能否实现的重要因素。

因此，安全管理不是通过某种制度、某一规范、某个管理方法就能彻底解决问题，安全生产也不是单纯的技术问题，而是人的问题，是与企业安全文化息息相关的人的安全素质问题。安全文化建设的主要目的，是通过科学和理性，将安全第一的概念渗透到人们的潜意识之中，成为生活和生产的习惯，使这种习惯融入到人们的思维和行动中，达到安全的目的。

另外，安全管理作为安全文化的一种表现形式，体现为一种特殊的安全管理文化，反过来，文化作用于管理，体现为一种特殊的管理方式——安全文化管理。安全文化管理是企业安全文化在企业安全管理中的某些经验和实用办法的理性化、优化和不断发展的体现，科学的安全管理属于企业安全文化建设的范畴，企业安全文化建设就是为了更好地服务和方便企业安全管理。安全文化如果缺少安全管理支持，将成为无本之木，无源之水，就难以将文化精髓转化为自觉行为；安全管理如果没有安全文化的支撑，就难以做到重视人的价值，也不能把尊重人、关注人、关心人作为中心内容，同样更无法实现全体员工自觉自律的安全生产状态。

二、安全管理机制

安全生产依赖于成功的安全管理，成功的安全管理依靠良好的安全管理机制。而良好安全机制建立的先决条件，一是要有组织保障（如企业的安全管理组织和人员的配备等），二是要有制度的保障（如企业安全生产管理的一系列制度、规范和指南等）。

（一）安全生产管理组织机构的设立

《安全生产法》第十九条：矿山、建筑施工单位和危险物品的生产、经营、储存单位，应当设置安全生产管理机构或者配备专职安全生产管理人员。

前款规定以外的其他生产经营单位，从业人员超过 300 人的，应当设置安全生产管理机构或者配备专职安全生产管理人员；从业人员在 300 人以下的，应当配备专职或者兼职的安全生产管理人员，或者委托具有国家规定的相关专业技术资格的工程技术人员提供安全生产管理服务。

建立和健全安全生产管理机构、配备必要的安全生产管理的人员并明确职权、责任，本着“谁主管，谁负责”的原则，成立一支专（兼）职的安全管理队伍，建立一套企业安全生产管理的组织体系，才能为企业安全生产管理提供组织保障。

安全生产组织体系注重系统安全管理，推行分级管理步骤和思路来管理安全。分级安全管理主要分为：①决策层。它包括企业法定代表人，主要起决策指挥作用，贯彻落实国家有关安全生产法律、法规，根据法律、法规制定本企业的安全规章制度，落实安全规划、健全安全机构、配备人员，保证安全资金的投入等。②管理层。包括企业的专（兼）职管理机构和安全管理人员，主要对安全生产进行日常管理，落实企业安全生产规章制度，并负责检查落实。③操作层。包括企业的车间和操作人员，主要对安全生产进行日常管理，落实企业安全生产规章制度，并负责检查落实。

（二）建立健全安全管理制度体系

从安全管理角度来看，各种制度是安全管理的根基。制度管理在员工安全管理过程中，具有指导与纠偏作用，且立竿见影、不可或缺。但是，制度本身是人制定的，它不可能包罗万象、面面俱到，只有在有人执行、监控、检查、考核时，它才能发挥实际效用。一旦出现人员或制度监控不到的地方，安全生产难免产生这样或那样的问题。因此，在新形势下的安全管理，必须有一个完整配套的安全管理制度体系。

企业安全管理制度是全体员工的行为规范和准则，是实现有效安全管理的基础。如果企业缺乏相应的安全管理制度或制度不完善，应组成专题小组负责制定并完善，且有必要将这一系列更新完善后的制度汇编成“安全生产管理办法”和“安全操作规程”，并发放到每个员工手里，做到全体员工人手一册。

1. 建立健全安全生产责任制

安全生产责任制，就是各级领导应对本单位安全工作负总的领导责任，以及各级工程技术人员、职能科室和生产工人在各自的职责范围内对安全工作应负的责任。安全生产责任制是企业岗位责任制的一个组成部分，是企业一切安全管理体系的核心机制，贯穿于企业安全管理的全过程。

安全生产责任制大体可分为两个方面：一是纵向方面各级人员的安全生产责任制。即企业主要负责人、企业其他负责人、企业职能管理机构负责人及其工作人员、班组长、岗位工人等的岗位责任制。实行层层落实的安全管理责任制，企业各部门、部门主管及全体员工共同来承担企业的安全管理工作，形成一个“千斤重担众人挑，人人头上有指标”的自上而下的现代安全责任体系。二是横向方面各职能部门的安全生产责任制。企业单位中的生产、技术、设计、供销、运输、教育、卫生、基建、机动、情报、科研、质量检查、劳动工资、环保、人事组织、宣传、外办、企业管理、财务等有关专职机构，都应在各自工作业务范围内对实现安全生产的要求负责，并根据企业的具体情况，建立相应的安全生产职责，形成一个各职能科室风险共担的横向联控网络。

企业的安全生产责任制的核心是实现安全生产的“五同时”，就是在计划、布置、监察、总结、评比生产工作的时候，同时计划、布置、检查、总结、评比安全生产工作。安全生产是关系到企业全员、全层次、全过程的大事，因此，企业必须建立安全生产责任制，把安全生产，人人有责从制度上固定下来。从而增强各级管理人员的责任心，使安全管理纵向到底、横向到边，责任明确、协调配合，共同努力把安全工作真正落到实处，达到安全生产的目的。

要建立起一个完善的安全生产责任制，需要达到如下要求：①必须符合国家安全生产法律法规和政策方面的要求，并应适时修订；②制定落实安全生产责任制要有专门的人员与机构来保障；③制定安全生产责任制要根据本单位、部门、班级、岗位的实际情况，与管理体制协调一致，明确、具体，具有可操作性，防止形式主义；④在建立安全生产责任制的同时建立与之对应的监督检查制度，特别要注意发挥工会群众的监督作用，以保证安全生产责任制得到真正落实。

2. 安全培训教育制度

培训是确保安全的前提。社会已发展到知识经济时代，知识经济的安全管理重点，应当以安全科学和高新技术的研究开发为基础，通过培训教育，运用高新技术，从知识和能力两个方面不断改进安全管理的模式，提高安全管理的水平。

目前我国工业企业中开展安全教育的主要形式和方法有：

（1）三级教育。三级教育制度是厂矿企业必须坚持的基本安全教育制度和主要形式，主要指对新工人、参加生产实习的人员、参加生产劳动的学生和新调到本厂工作的工人进行的厂级教育、车间教育和岗位教育。

（2）特种作业人员专门教育。对从事特种作业的人员，要进行专门的安全技术和操作知识的教育和训练，经过国家有关部门考核合格后，发给特种作业人员操作证。特种作业人员在进行作业时，必须随身携带特种作业人员操作证。

（3）经常性安全教育。安全教育不能一劳永逸，必须经常地进行。企业里的经常性安全教育主要有下列形式：班前班后会；开展安全活动日；召开安全生产会议；召开事故现场会，分析造成事故的原因及教训，确认事故的责任者，制定防止事故重复发生的措施；组织工人参加安全技术交流，观看安全生产展览与劳动安全电影、电视等；张贴安全生产宣传画、宣传标语及安全标志等。在日常安全教育中，安全思想、安全态度教育最重要。进行安全思想、安全态度教育，要采取多种多样的形式，通过各种安全工作，激发职工搞好安全生产的积极性，使全体职工重视和真正实现安全生产。在企业的安全工作中，一项重要内容就是开展各种安全活动，推动安全工作深入发展。安全活动必须在企业广大职工群众中开展，旨在利用寓教于乐的方式，制造安全氛围，促进安全生产工作，这些安全活动最重要的作用，就是提高职工的安全意识。

（4）学校教育。学校教育是培养安全专业人才的重要途径。它通过系统的基础理论和专业知识学习，造就出适应实际工作需要的不同层次的专业人才。企业可实施“走出去、引进来”的安全人才引进方式和培养模式，为企业安全生产储备人才。

3. 安全检查制度

安全检查是安全生产管理工作的一项重要内容。企业通过安全检查发现物的不安全状态和人的不安全行为，发现并消除隐患，改善劳动条件，防止事故发生。

企业安全生产检查的内容主要包括查思想、查制度、查管理、查隐患、查安全设施等方面。安全检查活动主要有：

（1）人因安全性检查。由企业安全专业部门、教育、人事组织部门组织，通过填表、抽查、分析评价方式，对各级领导和员工进行责任落实、安全培训、技能等方面的考评，使企业各级领导和员工的安全意识、安全知识及技能达标。

（2）物态安全性检查。由技术、设备、安全专业部门组织，通过使用安全检查表，对各种生产设备、装置、工具、材料等生产物质进行全面的安全可靠性检查评价，通过全面检查评价发现隐患并处理，确保生产过程中的机械和装备等物态因素运行可靠。

（3）“四查”工程。由班组长、车间主任、安全专业部门组织，对企业全员实行的查思想、查制度、查设施、查教育、查防护品、查隐患、查“三违”等活动，做到岗位一天一查、班组车间一周一查、厂级一月一查、公司一季一查的“四查”工程。以求达到岗位设施安全运行，工人安全操作；班组安全作业，安全生产；车间环境安全，规范文明生产；企业安全责任落实到位，安全管理规范化。

（4）“八查八提高”活动。①查领导思想，提高企业领导的安全意识；②查规章，提高员工遵章守纪，克服“三违”的自觉性；③查现场隐患，提高设备设施的本质安全程度；④查易燃易爆危险点，提高危险作业的安全保障水平；⑤查危险品保管，提高防盗防爆保障措施；⑥查防火管理，提高员工消防意识和防火技能；⑦查事故处理，提高防范类似事故的能力；⑧查安全生产宣传教育和培训工作是否经常化和制度化，提高全员安全意识和自我保护意识。

（5）安全管理效能检查。由企业第一负责人组织，分层次、分对象，采用座谈分析、项目对照等方式，对企业的安全机构、安全管理人员、安全管理职能、安全管理制度及安全经费投入等安全管理的效能进行全面系统检查，促使企业完善安全管理，提高安全管理效能。

（6）岗位责任制检查。企业组织每季一次现场生产管理大检查，先基层自查后单位联合检查，促使企业各部门落实岗位专责制、交接班制、巡回检查制、设备维修保养制、质量负责制、岗位练兵制、安全生产制、班组经济核算制、文明生产制、班组思想政治工作制等，达到全面贯彻落实以岗位责任制为中心的十大规章制度。

4. 安全生产考核与激励

安全生产考核是企业安全管理文化建设的重要组成部分。考核机制作为一种竞争的手段，它是一种激励因素。马克思说过，人们追求的一切，都同他们的利益有关。职工工作积极性的调动，要求管理者深入理解职工的内在需求，并予以适当满足，从而刺激工作热情、激发创造力。因此，在企业安全管理中引入考核和激励机制，显然是安全管理的重要举措。

(1) 安全考核制度和办法。在安全管理中，要促使企业员工从内心树立起自我安全管理意识，并付诸于自觉的行动，激励机制是必不可少的。安全管理的考核激励机制应包括下面几个方面的内容：①建立安全生产奖励基金或者安全生产专项奖励基金，鼓励安全生产的先进集体和个人；②在安全管理人员中实行安全生产月考核与奖惩挂钩的办法；③对操作人员实行安全生产的累进奖制度，将安全生产奖励与事故、安全管理与违章联系起来；④建立对重大隐患和重大事故超标实行罚款的惩罚制度。

(2) 安全生产激励。企业领导者在任何时候都要注重调动员工的安全工作积极性，持续不断地激发并满足职工的需要。采用激励法可以通过开展安全周、安全月、开展事故应急救援演练等活动，对开展活动中立功的职工进行表彰、奖励。为成功者提供新的需要，给受挫者新的希望。

目前，多数企业安全管理采取的是负激励即违章罚款，虽然有激励效果，但容易引起抱怨，导致员工消极情绪的产生，效果不佳。因此，企业要注意多运用正激励。一方面可以根据各级安全责任制，对完成情况好的集体和个人进行物质和精神奖励，数额必须大或较大；另一方面，可以评选安全标兵，从管理层到基层都要有代表，满足个人的荣誉感，体现全方位安全管理。

（三）制定安全管理发展规划

安全管理工作是要作为一项长期持续不懈的战略工程来做，应该有一个整体、全面的管理规划和纲要，针对每年的安全教育、检查、措施、安全评价及整改等安全工作作出全面部署。一个好的企业，其安全管理规划或纲要是推进其安全管理工作顺利进行的动力和保障。

（1）规划编制依据：编制安全生产措施计划应以安全第一，预防为主，综合治理的安全生产方针为指导思想，以《安全生产法》等法律法规、国家或行业标准为依据，并依据本单位的实际安全状况。

（2）规划编制原则：①必要性和可行性原则；②三个注重的原则，即重视过程、重视实效、重视关键；③轻重缓急、统筹安排的原则；④全面参与原则，即坚持党政齐抓共管、各部门联合推动安全工作；⑤逐步推进、持续改进的原则，安全管理工作的开展需要逐步推进、持续改进、不断完善。

（3）规划编制方法：①规划时间安排；②规划内容安排；③安全工作实施步骤；④安全重点项目的确定与编制；⑤规划的审批；⑥规划的下达和学习。

（4）规划的实施：首先，下达和学习安全管理规划，企业各级、各单位、各部门明确各自的安全工作任务及目标；其次，执行安全管理规划内容，逐步开展，定期考核；最后，整体评估安全管理规划实施效果，以便调整下一阶段的安全管理及工作思路。

三、安全管理的基本方法

（一）安全目标管理

安全目标管理是一种根据安全工作目标来控制每个职工安全行为动作的新安全管理方法。

1. 安全目标管理的任务和目的

（1）安全目标管理任务：将企业在一定时期内的安全目标

和任务、安全生产总目标等逐层分解展开，上级根据目标的内容授予下级人事、财务和物资的权力，使下级能运用这些权力来实现目标，充分体现其分权性和民主性。

（2）安全目标管理目的：使每个职工有努力的方向，并在自己工作范围内自由选择实现目标的方式和方法，具有灵活性和目的性，从而充分发挥职工自身的能动性、积极性和创造性。

2. 安全目标的确定原则

安全目标应以防患于未然为基本原则。首先要清除陈旧的安全观念，过去的经验固然是宝贵的，但拘泥于过去，就会停滞不前而有脱离发展现状的危险。其次，要改字当头，冲破原有安全管理的概念，把继承和创新结合起来，大力更新安全管理科学知识。安全目标不应停留在安全生产定量指标的实现上，而应该着眼于安全方针、口号、规划的落实和实施过程上。

总之，安全目标和规划问题，不应向现状妥协，不应拘泥于旧有安全概念，要认识到科学的安全管理是无止境的，科学有效的安全管理模式体系及方式方法才是企业安全管理应当不断追求的。

3. 安全生产目标体系的建立

企业要实行安全生产的目标管理，就必须形成一个完整的安全生产目标体系。安全目标体系就是安全目标的网络化、细分化。安全目标展开要做到横向到边、纵向到底，纵横连锁形成网络。横向到边就是把企业的总目标分解到各个部门，纵向到底就是把单位的总目标由上而下一层一层分解。把安全生产目标展开，是建立体系、实现目标的重要环节。

（二）系统安全管理

1. 系统安全管理的含义

系统安全管理是系统工程的一个组成部分，在具备专业知识和技能的情况下，应用科学和工程原理、标准及技术知识，去鉴别、消除或者控制系统危险性。它是以工程设计、安全原理和系统分析方法来解决安全问题的。即通过分析、评价并控制人、机、环境、系统可能发生的事故，调整工艺设备、操作规程、生产周期和费用等因素，使系统发生的事故减少到最低限度，达到最佳安全状态。

2. 系统安全管理的特点

（1）综合性。系统安全管理是多学科知识的综合运用，涉及多学科多领域，彻底改变了传统的单因素安全管理模式。管理的方式也由传统的只顾生产效益的安全辅助管理转变成了效益、环境、安全与卫生的综合效能管理。

（2）超前性。系统安全管理从系统建立到系统整个寿命周期进行全过程的事故预防控制，变传统的被动滞后安全管理为主动超前的安全管理模式。在事故管理上变事故分析型为隐患管理型，实现从亡羊补牢向未雨绸缪的转变。

（3）动态性。安全目标管理是一个封闭的动态系统，随着企业任务的变化不断修正安全目标、安全任务、安全计划，改变了传统的静态安全管理模式。在系统的全过程控制中，随着生产任务的改变，不断采取新的控制措施，保证系统安全。

3. 系统安全管理的主要内容

1）系统安全分析

系统安全工程分析方法约有几十种，每一种方法都有其特点，相互补充。其主要方法有如下几种：安全检查表、因果分析图、危险性分析、事故类型和影响分析、事故树分析、事件树分析等。其中安全检查表、事故树分析、事件树分析在我国安全管理上已广泛推广应用，例如石油系统推广使用的 HSE 检查表，具有良好的安全工作效果。

2）安全评价

安全评价又称风险评价、危险评价。安全评价以事故预测为基础，通过分析掌握系统中薄弱环节和潜在危险，从而制定控制措施。其评价方法有定性风险评价和定量风险评价两大类。

（1）定性风险评价。定性风险评价是借助于对事物的经验、知识、观察及对发展变化规律的了解，科学地进行分析判断的一类方法。运用这类方法可以找出系统中存在的危险、有害因素，进一步根据这些因素从技术上、管理上、教育上提出对策措施，加以控制，达到系统安全的目的。

目前应用较多的方法有安全检查表（SCL）、事故树分析（FTA）、事件树分析（ETA）、危险度评价法、预先危险性分析（PHA）、故障类型和影响分析（FMEA）、危险性可操作研究（HAZOP）、如果……怎么办（What…if）、人的失误（HE）分析等分析评价方法。

（2）定量风险评价。定量风险评价是根据统计数据、检测数据、同类和类似系统的数据资料，按有关标准，应用科学的方法构造数学模型进行定量化评价的一类方法。主要有以下两种类型：

一是以可靠性、安全性为基础，先查明系统中的隐患并求出其损失率、有害因素的种类及其危险程度，然后再与国家规定的有关标准进行比较、量化。常用的方法有事故树分析（FTA）、事件树分析（ETA）、模糊数学综合评价法、层次分析法、格雷厄姆-金尼法、机械工厂固有危险性评价方法、原因-结果（CC）分析法。

二是以物质系数为基础，采取综合评价的危险度分级方法。常用的方法有：美国道化学公司（Dow Chemical Co.）的火灾、爆炸危险指数评价法，英国帝国化学公司蒙德部的ICI/Mond火灾、爆炸、毒性指标法，日本劳动省的六阶段法，以及单元危险指数快速排序法等。

定性评价方法要求评价者具备相关知识和经验，定量评价方法则要求大量的安全数据。单纯的定性分析容易造成研究的粗浅；而有关数据的不完善，也使得定量安全评价方法难以得到有效应用和检验。因此，应当结合定性和定量的方法进行系统分析和评价，弥补单纯定性分析和单纯定量分析所产生的不足。

3）安全措施

根据安全评价结果，对系统进行调整，对薄弱环节加以修正和加强。安全措施主要是在事故未发生之前，尽可能抑制事故的发生，若事故已经发生，尽量控制把事故损失抑制在最低限度。

（三）安全标准化管理

安全质量标准化是企业生产经营活动中的一项基础建设，通过开展标准化作业的安全生产达标考核工作，建立科学、规范的现场安全生产管理机制，夯实安全管理工作基础，从根本上预防和减少各类事故的发生。

1. 安全标准化的基本内容

安全标准化的基本内容就是企业在各个生产岗位、生产环节的安全质量工作，必须符合法律、法规、规章、规程的规定，达到和保持一定的标准，使企业的生产始终处于良好的安全运行状态。因此，安全标准化实质上就是要从根本上建立安全生产的长效机制，达到构建和谐社会的要求，落实以人为本的科学发展观。

2. 安全标准化的实施

安全标准化是安全生产的重要基础工作。要从标准、目标、责任、控制、考核等环节着手，加强安全质量标准化的实施。

（1）制定安全质量标准。国家安全生产监督管理总局已经颁布了《金属与非金属矿山安全质量标准化考评办法及标准（试行）》、《机械制造企业安全质量标准化考核评级办法》和《机械制造业安全质量标准化考核评级标准》等，这些标准的制定，使各企业实施安全质量标准化有了规范的标准依据。

（2）明确安全质量标准化工作目标。国家局在《关于开展安全标准化活动的指导意见》中已经明确了今后一段时间的工作目标，各地区要根据总体目标和总体要求，研究制定符合本地区、本单位特点的工作目标和措施，提出年度达标计划和中长期达标规划。

（3）落实安全标准化责任。把安全质量标准化工作目标进行层层分解，落实到各企业和企业的各个阶段，形成层层把关、配套联动的责任体系。

(4) 建立安全质量标准化监控机制。各级安全部门、安全经营单位要安排专人负责，各个车间、班组、岗位都要有专（兼）职人员，形成完善的安全管理网络，及时发现和处理安全质量标准化活动中遇到的问题，做到处处有人抓、事事有人管，使安全质量标准化工作始终处于有效的监督控制状态。

(5) 完善安全质量标准化考核制度。企业要建立每月检查、每季考核、半年总结、全年评比的安全考核制度。

（四）现场定置安全管理

良好的现场作业环境是保障安全生产的基础，为了改善现场安全作业环境，提高现场本质安全水平和综合管理水平，把安全问题堵在本厂、本车间、本班组内解决，促进基层深化自主管理、自我约束的力度，实现安全生产的目的。

定置管理的主要步骤是：

(1) 清理整顿生产现场。对生产现场的全部物品进行清点整理，按人与物的结合状态划分区域，制定物品的放置位置，整理后的现场应体现为清洁、整齐、合理、有序。

(2) 作业现场的安全设施及物品等进行定置、定位管理，营造良好的安全生产环境。

(3) 实行作业现场卫生分区包干，理顺安全通道。

(4) 通过定期的现场管理检查验收活动，推动车间、工区改变脏、乱、差现象，杜绝跑、冒、滴、漏，安全防护做到有轴必有套、有轮必有罩、有坑必有盖、有台必有护栏。

（五）危险源（点）的管理与控制

危险源（点）的管理与控制实际上与职业安全健康管理体系密切相关。一般地，危害辨识、风险评价和风险控制策划的结果是职业安全健康管理体系的主要依据，即体系几乎所有的运行要素均以危害辨识、风险评价和风险控制策划的结果为重要依据，对系统安全性进行全面考虑。

1. 危害辨识、风险评价和风险控制策划的步骤

(1) 划分作业活动（也可称业务活动）。编制一份业务活动

表，其内容包括厂房、设备、人员和程序等，并收集有关信息。

（2）辨识危害。辨识与各项业务活动有关的主要危害，考虑谁会受到伤害以及如何受到伤害。

（3）确定风险。在假定计划的或在控制措施适当的情况下，对与各项危害有关的风险做出主观评价。评价人员还应考虑控制的有效性以及一旦失败所造成的后果。

（4）确定风险是否可以承受。判断计划的或现有的职业安全健康预防措施是否足以把危害控制住并达到法律要求的标准。

（5）制定风险控制措施计划。编制计划以处理评价中发现的需要重视的任何问题，企业单位应确保新的和现行的控制措施仍然适应和有效。

（6）评审措施计划的充分性。针对已修正的控制措施，重新评价风险，并检查风险是否可承受。

2. 危害辨识、风险评价和风险控制措施的持续改进

危害辨识、风险评价和风险控制是一个持续的过程。因此，控制措施的充分性必须得到持续评审和修订。同样的，如果条件变到引起危害和风险发生显著变化时，则应对危害辨识、风险评价和风险控制进行重新评审。

四、安全管理与安全文化

安全文化和安全管理是有机统一的，是具有联系，又有区别的关键。联系在于：安全文化能够促进和优化企业安全管理，甚至认为安全管理的第一次飞跃是从经验管理到科学管理，而第二次飞跃是从科学管理到文化管理。区别在于，管理的对象是系统全面的，文化对象主要是人的因素；管理强调人的责任，文化强调人的承诺；管理的功能是让想犯错的人不敢犯错，文化能够让有机会犯错的人不愿犯错。

安全管理是生产经营活动中有投入、有产出、有目标、有实践的对于安全进行有效管理的全过程，安全文化来源于安全管理，所有创新和发展必须建立在安全管理基础之上。安全管理提

炼了安全文化，丰富了安全文化的内容和理念，其优劣又影响着安全文化的普及。安全文化是安全管理的基础和背景，是理念和精神支柱，安全文化指导并有力地促进安全管理，安全文化是安全管理的升华和最高层次的发展阶段，是一个深层次的人因工程，充分体现了以人为本的现代管理理念。

安全管理文化又是管理文化的一个重要组成部分。它是人们在安全管理方面的认识、手段、方法以及目标的总和。安全管理文化的发展既是安全管理发展的趋势和方向，又直接完善了安全管理的方法与手段，明确了安全文化的目标。

1. 安全文化对企业安全管理具有推动作用

安全管理是一件复杂的系统工程，是需要全员参与的动态管理过程。创造良好的、安全的作业环境和制定自我约束的管理体系，提高人们安全技能，规范其作业行为，减少和防止不安全行为，是安全管理的重要内容和手段。建设安全文化，营造热爱生命、关注健康的舆论氛围，建立良好的安全意识，对推动安全管理将产生不可估量的积极作用。另外，安全文化对人们产生影响的过程是一个潜移默化的过程，利用安全思想意识指导行为，达到安全决策和安全操作的目的。因此，必须重视安全文化对整个系统的决定性作用。

2. 安全文化是安全管理的基础

安全文化是安全管理的基础和背景，是理念和精神支柱，人们所具有的安全素质，包括安全状态及各自具有的安全知识和操作技能，以及他们对安全的意识、态度、认知、道德、习俗、信念、修养、价值观等都是安全管理的基础。安全管理的哲学、人们的安全素养、安全管理的伦理道德等这些无形的高尚境界却都要用安全文化来培养、影响和造就。安全文化的氛围、背景、人文环境会形成或造就企业特殊的安全管理模式。

3. 安全管理是企业安全文化的一种表现形式

安全管理是安全文化在企业安全管理中的某些经验、理性不断发展和优化的体现。科学的安全管理也属于安全文化建设的范畴。因此，安全文化也直接影响或造就了与时代经济、文化发展相协调的安全管理机制和方法。当然企业安全管理的进步和发展，作为一种独特的安全文化发展过程和一种相对独立的现象，自然也丰富了安全文化，促进了安全文化的发展。

第二节　安 全 科 技

一、安全科学

1. 安全科学的概念

安全科学是认识和揭示人的身心免受外界因素影响、创造和保证其处于安全状态的保障条件，揭示人的安全（含健康）之本质及其变化规律的学问。换言之，安全科学是研究人身心存在状态（含健康）的运动及其变化规律的，致力于找出与其对应的客观因素和转化条件；研究消除或控制其影响因素和转化条件的理论和技术；研究安全的本质及其运动规律，建立起安全、高效的人机规范并形成人们保障自身安全的思维方法和知识体系，保护人的身心安全与健康的学问。

2. 安全科学的研究要素和范畴

安全即无危则安，无损则全。安全是指人的身心免受危害（外部直接的或间接的），使之感到有舒适、太平、安乐、圆满的活动环境，保障人能健康、舒适和高效地从事一切活动的完满状态。确切地说，安全是人的身心免受外界因素影响的安全状态及其保障条件。安全与否是从人所处的外部环境以及人身心需要的角度提出的，是针对与人的身心存在状态（包括健康状况）直接或间接相关的事或物而言的。我国的学者、专家先后提出了各种安全科学的论述，逐渐形成了“三要素理论”或“四因素理论”。

所谓安全的三要素是指人、物（自然物、人造物）及人与物的关系。称其为要素是指在特定的状态下，三要素均可独立地实现安全的充分条件而达到安全状态。例如，人是绝对安全的人，或物是绝对安全的物或人与物的关系是绝对和谐并存状态（包括时间、空间、能量），凡达到三者之一的充分条件，就可实现安全。然而人要达到本质安全，成为本质安全的人是短时间内不可实现的，因为人的生理、心理、行为以及认识能力和控制能力总是有限的；要获得绝对安全（不施害）的物也是困难的（物的局部本质安全是可能的），而技术、材料上的缺陷及环境的复杂性导致物的存在状态处于不断的变化当中。所以，要实现理想状态下人与物永远和谐共处的关系也是困难的，只有通过具有信息传播功能的安全系统来实现反馈、协调、控制的安全目的。这里讲的安全系统不是现有的一般概念，它是具有安全重构能力（即自组织能力）的复杂系统，靠它调节三要素间的关系，也只能达到相对安全并向理想安全逼近的状态。

近年来，不少专家学者认为：安全是以人为对象、以人为主体的。它的存在范围不仅仅是在生产劳动领域，也包含了人们的生产、生活、生存领域，可以说凡是有人活动的地方，或可能对人产生危害（直接或间接）的地方，时间、空间都是安全科学所需研究的范畴。

3. 安全科学的基础理论

安全科学是一门跨学科、综合性边缘学科，其基础理论可以概括为三个方面：

（1）动力理论。动力理论是确定劳动安全卫生工作在社会生产中的地位和方向，指导并推动劳动安全卫生工作有规律地向前运动和发展的理论。例如，安全与生产辩证统一的理论，管生产必须管安全，生产必须安全，安全促进生产等理论。由于这些理论具有重要的指向性，而且在实际工作中经常用到，所以称其为安全科学的动力理论。

（2）事故学理论。事故学理论的基本出发点是事故，以事故为研究的对象和认识的目标，在认识论上主要是经验论与事后型的安全哲学，是建立在事故与灾难的经历上来认识安全的理论，是一种逆向思路（从事故后果到原因事件）。事故学理论的主要方法有事故分析（调查、处理、报告等）、事故规律的研究、“四不放过”事后管理模式等。“四不放过”事后管理模式即事故原因没有查清不放过，事故责任者没有严肃处理不放过，广大职工没有受到教育不放过，防范措施没有落实不放过。还有建立在事故统计学上的事故致因理论研究、事后整改对策、事故赔偿机制与事故保险制度等。事故学理论的主要研究成果有：

①事故模型论。如因果连锁模型（多米诺骨牌模型）、综合模型、轨迹交叉模型、人为失误模型、生物节律模型、事故突变模型等。

②事故致因理论。研究造成工伤事故和职业危害的原因和机理，寻求工伤事故和职业危害孕育、发展和发生的规律。目前较普遍的有：事故因果关系理论、轨迹交叉理论、事故频发倾向理论、能量意外释放理论、能量转移理论、两类危险源理论等。

③事故预测理论。如线性回归理论、趋势外推理论、规范反馈理论、灾变预测法、灰色预测法等。

④事故预防理论。如“三 E”对策理论、事后型对策理论等。

（3）危险分析与风险控制理论。对事故因果性的认识，建立事件链的概念，确认人、机、环境、管理各方面的综合要素，着眼于事故的前期事件的控制，主张采用综合措施进行超前防范。控制理论的主要内容有：

①系统分析理论。如故障树分析理论、事件树分析理论、安全检查表技术理论、故障及类型影响分析理论等。

②安全评价理论。如安全系统综合评价理论、安全模糊综合评价理论、安全灰色系统评价理论等。

③风险分析理论。如风险辨识理论、风险评价理论、风险控制理论。

④系统可靠性理论。如人机可靠性理论、系统可靠性理论等。

⑤隐患控制理论。如重大危险源理论、重大隐患控制理论、

无隐患管理理论等。

把安全与科学联系起来就形成了自身的基础理论，创建了安全科学体系。安全科学是一门综合性学科体系，它与一般单纯的自然科学或社会科学的体系不完全相同。它不仅在本学科内每个层次之间存在着相互依存关系，而且又与其他各有关的自然科学、社会科学存在密切的关系。例如，安全管理学不仅以安全科学的基础理论为依据，而且也要以社会科学中的政治经济学、哲学、社会学、行为科学的理论为基础；同时安全管理学的许多内容又与社会科学和自然科学的应用理论相互渗透、相互交叉（如安全立法与法制，事故预测与系统工程，安全教育，安全心理与行为等）。同样，在工程技术方面，如机械安全技术，它既要以安全科学的基础理论为依据，还要以自然科学的理论力学、弹性力学、材料科学等为基础，而某些内容又与机械制造学相互渗透和交叉。在安全科学中，除以本身的工程技术理论为依据外，同时又与产业生产技术的某些内容相互渗透和交叉。

二、安全科学与安全文化

1. 安全科学是特殊的安全文化表现形式

安全科学是人类社会的一种特殊的安全文化活动，所谓特殊就是以人的身心安全与健康为中心内容，对某些特定领域的活动规律及运动的本质进行科学研究，就形成了具有安全文化特征的安全科学。一般是先有文化和安全文化，经过文化的传播、积累和优化，以安全观念文化、安全行为文化、安全物态文化、安全制度文化对某一事物（对象）进行安全认知和安全控制，在安全文化的客观领域里，由于社会文明和人类生活、生产、生存发展的需要，出现了实用技能和工程技术，当科技进步达到一定水平，加上社会的经济基础和政治环境与条件的不断成熟，带有安全（包括健康）特点的安全科学就逐渐问世了。人的安全文化、健康文化加上对人的活动有机调整的现代安全管理文化三者有机地动态结合，以人的身心安全与健康为目的，以安全生产、安全生存为出发点而形成了一种特殊安全文化的安全科学。安全文化与安全科学的相互关系如图 2－1 所示。

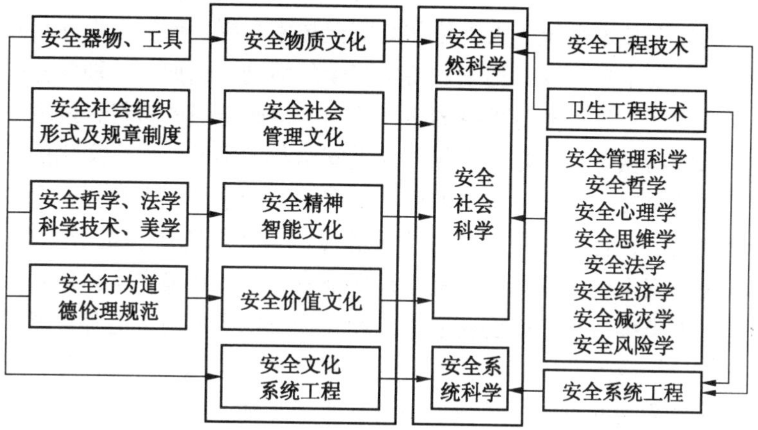

图 2－1 安全文化与安全科学的相互关系

2. 安全文化与安全科学的依存和发展

从劳动保护政策、劳动保护工作到劳动保护的方法和措施，发展到职业安全卫生法规与技术标准、安全与卫生的工程与技术、安全科学技术及其理论，展现了人们对安全客观规律科学认识逐渐深化的过程，也表明了人们在自我保护需求及其防护能力上的安全文化水平的不断提高。10 余年来，中国安全科学学科理论的创立和进步，科学技术体系结构的建立和完善，以及安全科学技术的不断发展，都有其产生的安全文化背景，即经济基础好转、人们生活水平的提高、政治环境改善、社会需要迫切等。它标志着安全科学在中国的兴起、创建、发展和进步，同样也表明了安全科学与安全文化（安全生产、安全生活、安全生存等领域的文化）之间的相互依存、发展和繁荣的关系。安全科学的发展和完善反过来促进了安全文化的丰富和发展，使安全文化提升到了一个崭新的与时俱进的文化境界。

三、安全技术与安全文化

安全文化技术系统，是由物质的、机械的、物理的和化学的工具、设备、设施、仪器仪表、材料及使用这些物质和技术所构成的安全技术系统。人类依靠此安全技术系统，保障人类在自然界能平安生息，在一切领域持续安全的活动。例如：各种各样的安全生产工具、防身护身的生产资料、掩蔽防患的材料、进攻或防御的器械等，均是用来保护人类安全与健康的。安全文化的技术系统是安全文化系统中的底层系统、基础系统。人类要安全生存和发展，首先要在适应自然界的过程中依赖物质和机械工具，人类要安全地生活下去，就必须保证有安全的环境和生存保障条件。人类维持生命就要获取能量和食物、躲避风雨雷电等自然灾害、抵御敌人和凶猛野兽，方能保存自己。要完成上述任务，达到安全活动的目标，必须依靠以物质为基础的技术手段。所以安全技术系统是安全文化系统最重要、最基础的决定性因素。它能决定安全社会学系统，又同安全社会学系统一起共同决定了安全哲学即安全意识形态系统，显示了安全技术的物质力量，同时也反映了社会安全系统人技关系的重要作用。

四、安全文化建设的科学原理

1. 安全文化建设的“人本安全原理”

企业安全生产需要物的本质安全，更需要人的本质安全，“人本”与“物本”的结合，才能构建安全生产事故防线。

企业安全文化建设的“人本安全原理”如图 2－2 所示。即安全文化建设的目标是塑造本质安全型人，本质安全型人的标准是：时时想安全的安全意识，处处要安全的安全态度，自觉学安全的安全认知，全面会安全的安全能力，现实作安全的安全行动，事事成安全的安全目的。塑造和培养本质安全型人，需要从安全观念文化和安全行为文化入手，需要创造良好的安全物态环境。

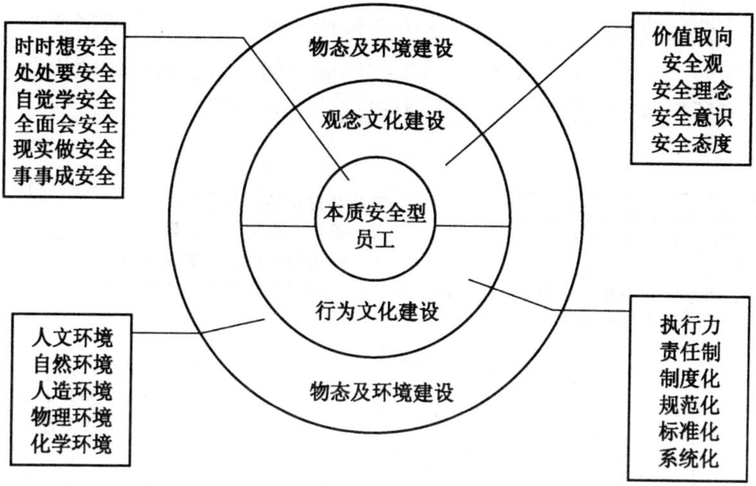

图2－2　企业安全文化建设的“人本安全原理”

2. 安全文化建设的球体斜坡力学原理

安全文化建设的球体斜坡力学原理如图2－3所示。这一原理的含义是：企业安全状态就像一个停在斜坡上的“球”，物的固有安全、现场的安全设备设施和人的防护用品，以及企业和各单位安全管理制度和安全科学技术，是“球”的基本支撑力，对安全生产发挥基本的作用。然而，仅有这一支撑力是不能够使安全这个“球”稳定和保持在应有标准和水平上的，这是因为，在整个生产系统中存在着一种下滑力。这种不良的下滑力由以下原因造成：一是生产环境的特殊性和复杂性，如生产条件和状态发生变化的偶然性和突发性等客观因素；二是人的趋利主义，即安全需要投入增加成本，反之可以将安全成本变为利润；三是人的惰性和习惯，人初期在“师傅”指导下所形成的习惯性违章，长期的投机取巧行为范式的形成等。这种不良的惰性和习惯是因为安全规范的制定和执行需要付出人力、智力和时间，而违章可带来暂时的舒适和短期的利益等导致的。

在这种状况下，文化力的出现反作用于这种下滑力，起到了重要的克制作用。这种文化力就包括：由先进认识论所形成的驱动力、由合理价值观和科学观所形成的引领力、由正确意识和态度所形成的执行力及道德行为规范的亲和力等。

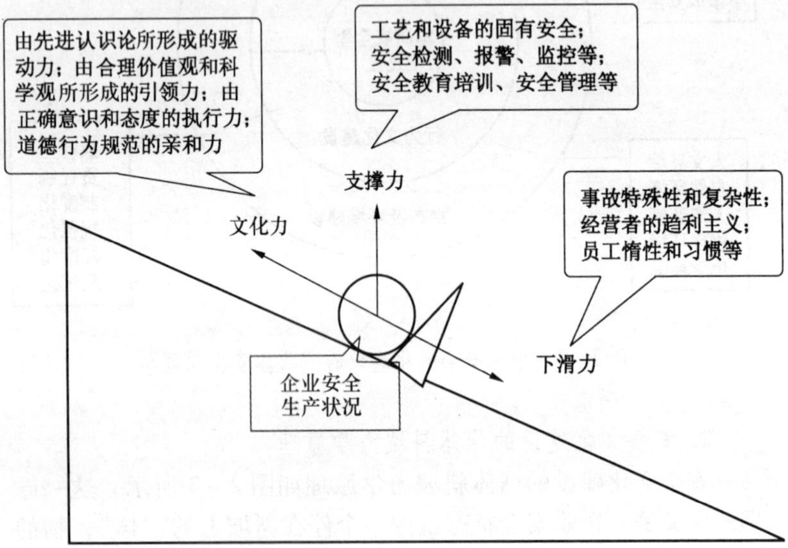

图 2-3　安全文化建设的球体斜坡力学原理

3. 安全文化建设的理论和价值观收敛原理

安全文化建设的理论和价值观收敛原理如图 2-4 所示。这一原理的含义是：O 为共同安全理念或价值观，O_1、O_2 为不同的理论或价值观；AB 为安全文化建设中对人安全多元化的价值观、安全态度或理念取向的作用力；AB_1 和 AB_2 为建设先进安全文化推动力和同一价值观及理念的合力；实现安全文化合力收敛于最高的安全目标。这一原理表明，需要通过对全体人员安全观念文化的建设，来增加安全文化推动力 AB_1，从而使不同价值观念 O_1、O_2 逐渐减少，即价值观念 AB_2 逐渐缩短并收敛于社会共同安全价值观的最高目标 M 上。

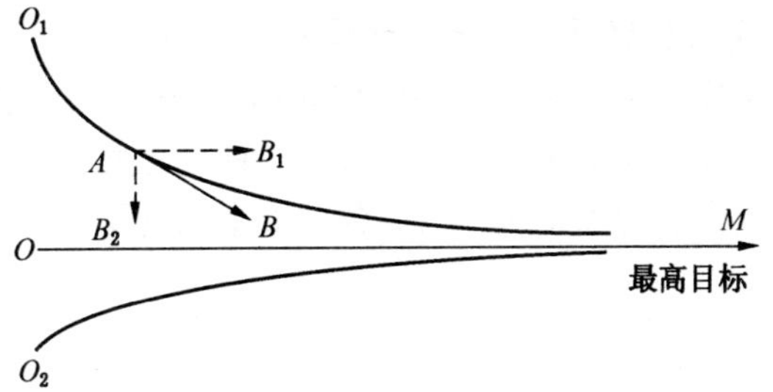

图2－4　安全文化建设的理论和价值观收敛原理

4. 安全文化建设的偏离角最小化原理

安全文化建设的偏离角最小化原理如图2－5所示。这一原理的含义是：夹角越小其余弦值越大，当夹角为0°时，余弦值取最大值1；O点代表共同安全理念或价值观，M代表组织或社会的最高安全目标，OL和ON是指在干扰力量的影响下产生的安全目标的偏离。共同的安全理念或安全价值观，产生最大的文化合力，否则就会产生安全目标偏离，导致安全的最高目标不能实现。因此，需要通过对全体人员安全观念文化的建设来实现安全价值观收敛于社会共同安全价值的取向上。

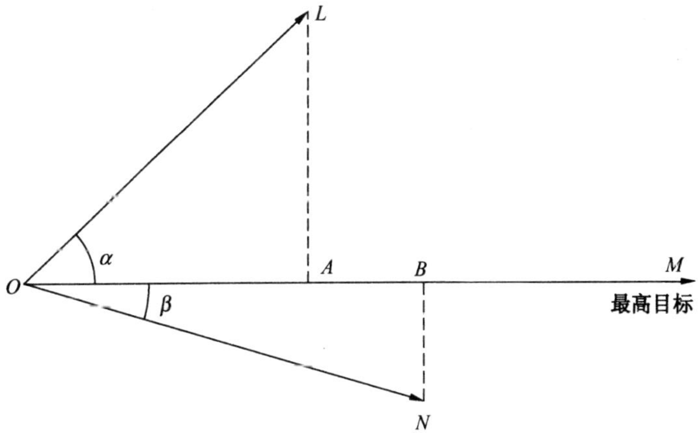

图2－5　安全文化建设的偏离角最小化原理

5. 安全文化建设的文化力场原理

安全文化建设的文化力场原理如图 2－6 所示。这一原理的含义表明，建设安全文化就是要形成一种文化力场，将分散的安全意识、安全能力和素质，引向各种安全规范及制度、标准和要求上来。

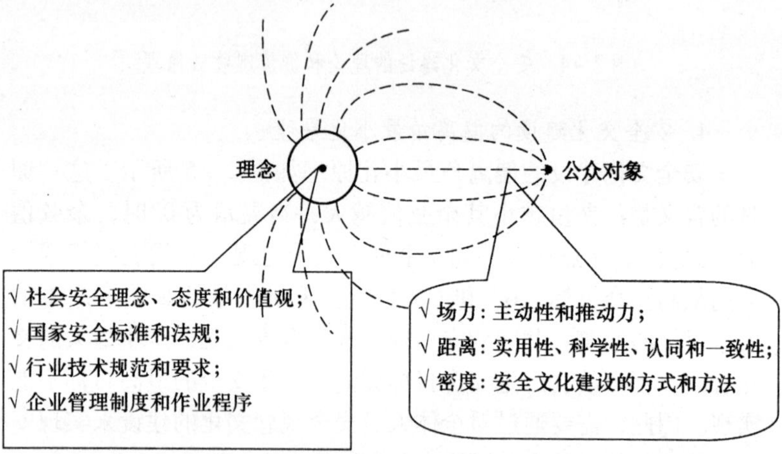

图 2－6　安全文化建设的文化力场原理

第三章　安全文化建设

第一节　安 全 理 念

安全理念是人们在日常生产、生活、生存等活动中，秉持与追求的安全理想与信念。它反映人们对待生命与财产安全的态度及安全发展的时代特征和趋势，是安全观念文化的核心。

理念指导行为，行为导致结果。理念是认识层面和思想层面的问题，只有解决了认识问题，才能合理有效地行动。因此，安全理念是安全文化建设的重要基础和前提。

一、安全理念

1. 安全认知与观点

人们的安全理念和认知是随着时代的进步而变化和发展的。目前国内外有很多关于安全的新认知、新观点，表 3－1 给出了部分说法。对于企业，在推进自身安全文化的建设中，可以引用和借鉴现有的安全理念和认知，也可以自行创编具有自身特色的安全理念体系。在下一节和第四章的理念范例一节中，展现了部分企业自己提炼和归纳的安全理念。

表3－1　安全认知与观点

序号	认知、观点	序号	认知、观点
1	安全是最重要的	5	安全决定于意识
2	一切伤亡事故均可预防	6	安全是自己的事
3	安全创造经济效益	7	有危险就需要投入
4	安全必须融入管理	8	法律规定只是必要条件

表3-1（续）

序号	认知、观点	序号	认知、观点
9	必须有统一的安全价值观	21	安全检查需要事先准备
10	管理层对安全最重要	22	受伤职工需要关爱
11	安全部门的作用是顾问、组织、协调	23	业余安全是组织安全的基本部分
12	员工参与是必须的	24	安全业绩必须正确对待
13	安全培训是需求	25	设施还可以更安全
14	直线部门负责安全	26	掌握组织以外的安全业绩
15	需要考虑社区安全	27	安全是用人的条件
16	管理体系是必须的	28	重视子公司与承包商的安全
17	安全会议是必需的	29	需要安全组织
18	安全制度必须成文	30	安全部门的工作需要高质量
19	一致执行安全制度	31	总体安全期望值应该更高
20	一切事故都调查	32	应急能力是应急管理的反应

注：1. 各条目的重要程度与排序无关。
2. 这些条目都是影响组织安全的关键要素。
3. 条目的内容不是完全相互独立的。

2. 安全观念

1）安全价值观

（1）安全是企业发展的生命线。

（2）安全至上、生命为天。

（3）安全是企业最大的效益，生命的价值高于一切。

2）安全责任观

（1）安全生产，人人有责。

（2）我的安全我负责，他人安全我有责，企业安全我尽责。

3）安全德本观

（1）重视安全者有德，忽视安全者缺德，不重视安全者无德。

（2）安全是德，做好安全工作就是积德。

4）安全事故观

（1）隐患就是事故。

（2）以史为鉴，以事为师。

（3）安全可控，事故可防。

5）安全预防观

（1）一切事故都是可以预防和避免的。

（2）预防成本低于事故成本。

6）安全执行观

（1）严、精、细、实、恒。

（2）毫不含糊执行安全规章，毫不迟疑考虑安全问题。

（3）执行安全法规不折不扣。

7）安全自律观

（1）自我规管是安全管理的最高境界。

（2）让安全成为习惯。

（3）不伤害自己，不伤害别人，不被别人伤害，让别人不被他人伤害。

8）安全亲情观

（1）一人幸福，全家享福。

（2）像关心亲人一样呵护每一位员工的生命安全与健康。

9）安全人本观

（1）人因决定物因，人本优先物本。

（2）人本安全是成就安全生产的终极法宝。

10）安全辩证观

（1）有了安全不等于有了一切，没有安全就没有一切。

（2）安全不能决定一切，但能否定一切。

11）安全发展观

（1）安全发展才能持续发展。

（2）安全才能发展，发展才能发财。

12）安全应急观

（1）事故不可怕，可怕的是面对事故不知所措。

（2）安全应急的最高境界是“不应急”，保险的最高境界是“不保险”。

二、安全理念的作用

安全理念对企业的安全管理具有重要作用，安全管理活动都是在安全理念的影响、支配或指导下进行的。

1. 安全是最重要的

这条理念主要表达为安全第一。只有认识到安全是最重要的，才能在工作中把安全摆在首要的位置，才能从根本上预防事故。大量案例证明，认识不到这一点的企业，发生事故的可能性比较大。例如，2005 年某煤矿发生一起重大事故。事后记者到该矿采访，看到“效益至上”的大幅标语高高悬挂，显然没有把安全放在首位，而把生产和效益摆在了第一位。在这种理念引导下的后果必然是为追求产量而忽视安全工作，主要表现为：采掘关系紧张；巷道布置不合理，形不成完整的通风系统；通风系统有缺陷，稀释瓦斯不利；瓦斯积聚无察觉，进而产生了瓦斯爆炸事故。由此，可以看到认识（理念）与安全事故有着紧密的联系。

虽然在马斯洛的需求理论中，人的生理需求是第一位的，安全需求排在第二位，即人们在生存需求尚未完全解决时，无法考虑安全需求，此时不可能把安全摆在最重要位置。但是依据现阶段我国国情，绝大多数人群或者组织、单位的基本生活需要基本上有所保障，此时安全已经成为全社会人必须考虑和解决的问题。

2. 一切伤亡事故均可预防

这条理念也可以表达为零事故是可以实现的。在我国，很多单位已经把零事故作为其安全管理的理念。其作用原理是，只要认识到一切事故可以预防、零事故可以实现，人们就会建立起对安全的信心，扎实工作，打好一切基础，预防重大事故。相反，如果不能认识到一切事故可以预防，则从思想上就会放松，必然工作就会出现疏忽，多处疏忽就会引起重大事故的发生。这条理念，大部分内容可以用行为科学的原理来解释，即绝大多事故是由人的不安全行为引起的，行为是可以控制的，所以事故是可以预防的，也可以用大量的、发生在生产实践中的事故案例来解释，还可以用反证法来解释，当找不到一个实际发生的、不能预防的事故实例时，就可以反证得到，一切事故都是可以预防的。

3. 安全创造经济效益

安全不是成本，而是一种投资。当人们认为安全创造经济效益时，就会在思想上产生一种动力，从而不遗余力地做好安全工作。否则，如果认为安全是“赔钱的买卖”，则不可能有人主动去做安全工作，这种现象在企业体现得尤其明显。从经济学的角度去研究分析企业安全经济效益，就是从企业安全投入与安全产出的关系入手，寻找一个最佳平衡点，纠正安全投入对安全产出有无限增长作用的认识，为企业安全最佳投入奠定了基础。所以，要彻底预防事故，必须建立安全创造经济效益的理念，安全业绩好了，事故少了，处理事故的花费、事故责任罚款、工伤保险等保险费都会相应降低，而且员工人身安全有了保障，为企业创造的效益会相应增加。企业效益增加，增强了企业的市场竞争力，从而给企业带来无限的经济增长空间和直接的市场经济效益。

4. 安全必须融入管理

这条理念将安全工作列入了企业管理的议事日程，实际上就是告诉大家，做任何一项工作的时候，都不能把安全当做一个边缘化的因素而不加考虑、少考虑或者滞后考虑，而是要在第一时间进行考虑。一旦安全问题存在就需要首先解决，解决不了就不能开始其他工作。而且从管理的角度探讨安全，就是希望通过研究实践，不断完善安全管理的方式方法、模式体系，从而增强安全保障体系。

5. 安全决定于意识

这条理念的原理是，安全事故的发生与否，主要取决于人的安全意识，也就是人对安全问题的发现能力和及时处理的能力，而重点不在于物的方面，物的状态是由人来控制的。

6. 安全是自己的事

任何单位和个人，如果不把安全当做自己的事情，总觉得是给上级做、给领导做，则安全工作永远搞不好。如果能像关注家庭安全一样，把企业和单位职工的安全当做是自己家庭成员的安全，那么安全工作就会精益求精、卓有成效，也不会害怕安全检查，反而安全检查会很受欢迎，也会得到积极配合，因为被检查者渴望上级的检查能给他找到进一步改进的方向。

7. 法律规定只是必要条件

国家安全法规规定的安全投入等，都只是必要条件而绝非保证安全的充分条件。安全投入需要以风险为基础，要控制风险（危险）就需要有安全投入上的绝对保障，否则即便达到规定的安全投入，一旦发生事故，组织、单位的负责人仍负有很大责任。以风险为基础进行的安全投入，通常被称为安全风险专项基金。只有正确认识和定位安全投入的用途，才能既不浪费，又切实解决实际安全问题，真正保证组织内成员的安全与健康。因此，当问一些安全管理很好的企业安全投入规定值是多少时，他们会觉得很奇怪，难道安全投入还能讲数量吗？有危险就要投入，不管花多少钱，解决不了安全问题，不可能开展业务，宁可关门。对此，有危险就需要投入、法律规定只是必要条件的理念起了相当大的作用。

8. 必须有统一的安全价值观

价值观是存在于每个人心中判断是非善恶的标准。在一些企业，安全工作很难做，安全工作人员觉得安全工作责任大、权力小、无效益，责权利很不平衡，结果出现老弱病残管安全的局面。在另一些单位，安全是一份积德的事业，任人抢着做，安全需要竞争上岗，这两种现象充分体现了安全价值观对安全工作的影响。有了高层管理人员、安全管理人员和全体员工共同接受的安全价值观，就表明企业全体员工形成了统一的判断安全是非的价值标准，有了这个标准，首先就会在意识上达到一种自觉，在安全工作上必然人人负责、井然有序。所以，统一安全价值观是保障安全工作顺利开展的重要保障。

9. 管理层对安全最重要

管理层一般指中层和基层管理部门的领导及管理干部，他们既要服从决策层的管理，又要管理基层的生产和安全，起着承上启下的作用。管理层掌握着其所管理基层的一切资源，又对决策层能否作出正确的、科学的决策有着直接的作用，所以，安全工作方向是否符合实际、安全工作的保障是否到位、安全实际工作是否落实到位等都与管理层有着很大的关系。因此，管理层安全意识和安全文化素质直接影响着一个企业安全效益的好坏，对企业安全具有非常重要的作用。

10. 安全部门的作用是顾问、组织、协调

一个单位的专职安全工作人员数量有限，安全工作的开展仅靠安全部门的专职人员是无法做好的，因为专职安全人员不可能24 小时监控每一个员工的每一个操作动作，所以专职安全人员应当担任管理层顾问的角色，为管理层提供安全咨询意见，以发挥管理层的安全管理威力，按照管理层的指示把各个部门、全体员工组织起来，发挥他们的安全管理作用，在做好职能和任务协调的基础上做好安全工作。

11. 员工参与是必须的

要改变企业安全生产状况，必须要提高企业全体员工的安全执行力。何谓全员安全执行力，就是指全体员工对安全管理事项和安全保障措施的实际执行力度。主要表现为员工参与，参与规章制度的制定，参与理念识别系统的建立，参与安全的各种活动，参与安全措施的具体落实等一系列安全事项。要避免和杜绝“三违”的发生，就是要员工参与到安全的具体事项中，达成共识，以主人翁的意识和态度做安全工作，确保实现最低的安全事故率。

12. 安全培训是需求

培训是传递知识的最有效和最直接方式。安全培训，需求越多，证明对安全问题的认识越深，要解决安全问题就需要有良好的安全知识做后盾。所以安全培训的需求，反映了员工对安全问题的认识程度和解决安全问题的渴望和决心。

13. 直线部门负责安全

安全工作，人人有责，分级管理，分系统负责，就是指安全工作应该由直线部门，即主管某方面业务的部门，或者每一个级别的形成单位直接负责和主管自己业务范围内的安全问题，寻求解决方案，而不是把安全工作简单地推给安全部门，时刻谨记安全部门只是安全顾问和协调组织，可以通过安全部门获得某些方面的技术和管理支撑。

14. 需要考虑社区安全

任何组织的业务活动对周边社区的安全都是有影响的，如果认识不到，则会发生意想不到的问题。例如，某采矿场的区溃坝事故、某石油公司的井喷事故都造成了周边社区数百人的死亡和巨额财产损失。所以，社区安全是一个单位要持续安全发展必须考虑的问题，也可以看做周边环境问题。这条理念反映了组织对本单位安全建设和管辖范畴的定义问题。

15. 安全会议是必需的

安全会议是传达安全指令、政策、思想及收集意见、建议和进行良好沟通和交流的一种有效方式，是企业、单位等安全工作正常运行所必须的。需要强调的是必须合理安排会议的内容和会议时间及会议参加人员，尽量保证安全会议的有效性，达到安全会议的开展目的，而不是搞形式主义。

16. 一致执行安全制度

一致执行安全制度，第一，反映了企业或单位对安全规章制度执行落实方面的要求；第二，反映了现行制度的有效性。只有当制度被广泛认同，一致执行时，才能肯定现行制度的合理性、科学性和实用性。否则，就需要不断完善，直到达到一致执行的状态和效果。

17. 一切事故都调查

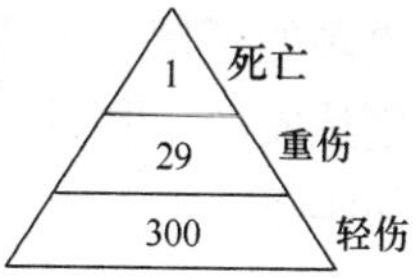

图3－1　事故三角形原理

事故调查不仅仅是为了追究事故责任人的责任，更重要的是要通过事故调查来防范事故的发生。根据事故三角形原理（海因里希法则），事故发生的次数和事故严重度之间呈“正三角形”分布规律（图3－1），即不严重的事故大量发生就预示着严重的事故即将发生，所以仅仅调查大事故，忽略小事故和无伤亡事故的做法是不正确的。只有调查一切事故，微小事故也不放过，从小小的伤害抓起，才能大大降低事故发生的次数，从而降低重大事故的发生概率。

18. 安全业绩必须正确对待

安全生产也是业绩。要正确对待安全业绩就是要实施科学的、公平公正的安全业绩考核管理办法，做到奖罚分明，激发组织实现本季度或本阶段的安全生产目标，激发员工安全工作的积极性，从而提高安全工作的整体效益。

19. 设施还可以更安全

设施设备安全是安全生产的必备条件，是本质安全的具体体现。设施设备安全存在时空有限性，即随着时间的推移和使用年限的增加，安全的设施设备会老化，产生诸多安全隐患；随着设施设备空间的转移，安全的设施设备也可能与新的环境不相适应而产生新的隐患。因此，设施还可以更安全，要求工作人员正确对待作业设施设备，做到检查维修的及时到位，防范事故发生。当然，也需要从设计水平上考虑，不断提高设施设备的本质安全性。

20. 掌握组织以外的安全业绩

组织以外的安全业绩是指本单位之外的安全发展水平，包括安全事故状况、先进的安全管理方式方法以及实用的安全经验做法等。在一些单位，员工只了解本地的安全状况、安全管理方法和安全业绩状况，但如果能够对同行业水平、国家水平、国际水平有更多的了解，一则可以不断提高本单位员工的安全行为意识，创造安全工作的氛围；二则可借鉴一些优秀的安全经验做法，使本单位的安全业绩提高到新的水平。

21. 需要安全组织

一个单位，除了有直线管理系统、安全专管系统等正式的安全管理系统以外，还应该设立其他的辅助安全组织。例如，我国现行的党、政、工、团一起抓，实际上就是正式安全管理系统和辅助安全管理系统结合的一种方式，体现的是各单位齐抓共管的良好工作结构和态势。需要注意的是这些辅助安全管理系统的安全活动也应当规范而且具有实效，避免有其名而无其实的状况发生。

22. 安全部门的工作需要高质量

安全部门是由具有相当安全工作资质的人员组成的专门安全管理机构，主要包括安全专家、国家认可的安全工程师及高校安全专业毕业生等。前面已经述及，安全部门的作用是顾问、组织、协调作用，其相当于企业的安全智囊团。所以，安全部门的工作应当是能解决实际的安全问题的高质量服务。

23. 总体安全期望值应该更高

安全期望值即企业或单位的安全工作愿景。只有领先和更高层次、更高目标的安全愿景，才能促使企业或单位为实现美好愿景而努力实现安全工作目标，这是激发全体员工安全工作积极性的一种良好方式方法。

24. 应急能力是应急管理的反映

应急能力是指预防伤害发生或在危险甚至灾难来临时，减轻伤害程度，最大程度减少损失，保护生命和财产安全的能力。应急管理工作是否到位直接影响着员工防范事故发生或处置突发事故的能力，是组织、单位应急管理工作质量的最集中体现。

三、安全理念体系的构建

明确了安全理念条目和各安全理念条目的作用原理，就需要构建适合本企业或单位安全文化的安全理念体系。结构完整的安全理念体系和观点鲜明、内容切合实际且被高度认同的安全理念体系内容是企业或单位全体员工安全思想意识的保障和安全行为准则。以下简单介绍安全理念体系的构建步骤及内容：

(1) 深入了解本企业或单位的安全文化，确定体系构成要素即安全理念条目。

(2) 根据所确定安全理念体系的条目，采用双向方法，由高层到低层，由低层到高层的双向反馈方式，收集、归纳、整理、提炼符合本行业企业或单位安全文化背景的安全理念条目内容。

(3) 整合理念条目，按照理念条目所属的层次和不同理念条目的重要程度构建安全理念体系。

(4) 在全企业或单位宣贯安全理念体系条目及内容。

四、树立正确的安全观念

“观”，观念，是认识的表现，思想的基础，行为的准则。它是方法和策略的基础，是活动艺术和技巧的灵魂。进行现代的安全活动，需要正确的安全观指导，只有对人类的安全态度和观念有着正确的理解和认识，并有高明安全行动艺术和技巧，人类的安全活动才算走入了文明的时代。现代企业应该建立如下基本的安全观念。

1. 安全发展的科学观

党的十六大提出了全面建设小康社会的宏伟目标，在制定“十一五”规划的建议中又明确了，要坚持节约发展、清洁发展、安全发展，实现可持续发展。安全发展的要求表明党和国家高度重视安全生产的基本政策。安全发展与节约发展、清洁发展共同构成“科学发展”的深刻内涵。安全发展体现了“三个代表”重要思想和科学发展观的本质特征，体现了执政党“立党为公、执政为民”的施政理念，反映了最广大人民群众的迫切愿望。安全发展的目标就是实现人人要安全、人人会安全的安全保障型社会。保障安全生产是以人为本的体现，建设安全保障型社会是全面建设小康社会的必然要求，是构建社会主义和谐社会最基本的标志。

2. 安全第一的哲学观

安全第一是个辩证的概念，它是在人类活动的方式上（或生产技术的层次上）相对于其他方式或手段而言，并在与之发生矛盾时，必须遵循的原则。安全第一的原则通过如下方式体现：在思想认识上安全高于其他工作；在组织机构上安全权威大于其他组织或部门；在资金安排上，安全资金重视程度重于其他工作所需的资金；在知识更新上，安全知识（规章）学习先于其他知识培训和学习；在检查考评上，安全的检查评比严于其他考核工作；当安全与生产、安全与经济、安全与效益发生矛盾时，安全优先。安全既是企业的目标，又是各项工作（技术、效益、生产等）的基础，只有建立起辩证的安全第一的哲学观，就能处理好安全与生产、安全与效益的关系，才能做好企业的安全工作。

3. 重视生命的情感观

安全维系人的生命安全与健康，生命只有一次，健康是人生之本，事故对人类安全的毁灭，也就意味着对生存、康乐、幸福、美好的毁灭。由此，充分认识人的生命与健康的价值，强化善待生命，珍惜健康的道理，是我们社会每一个人应该建立的情感观。不同的人应有不同层次的情感体现，员工或一般公民的安全情感主要是通过“爱人、爱己，有德、无违”而体现。而对于管理者和组织领导，则应表现出用“热情”的宣传教育激励教育职工；用“衷情”的服务支持安全技术人员；用“深情”的关怀保护和温暖职工；用“柔情”的举措规范职工安全行为；用“绝情”的管理严爱职工；用“无情”的事故启发每个人。以人为本，尊重与爱护职工是企业法人代表或雇主应有的情感观。

4. 安全综合效益的经济观

实现安全生产，保护职工的生命安全与健康，不仅是企业的工作责任和任务，而且是保障生产顺利进行，企业效益实现的基本条件。安全就是效益，安全不仅能减损而且能增值，这是企业法人代表应建立的安全经济观。安全的投入不仅能给企业带来间接的回报，而且能产生直接的效益。安全经济学研究成果表明，安全的经济规律有：事故损失占 GNP2.5%；发达国家的安全投资占 GNP3.3%，我国现阶段占 1.2%；事故直接损失系数可达 1:4 ~1:100；合理条件下的安全投入产出比是 1:6；安全生产的贡献率达 1.5% ~6%；预防性投入效果与事后整改效果的关系是 1:5 的关系。安全效益金字塔表明，系统设计考虑了 1 分安全性可带来系统制造时的 10 分安全性，而实现系统运行和使用时的 1000 分安全性。

5. 预防为主的科学观

要高效、高质量地实现企业的安全生产，必须走预防为主之路，必须采用超前管理、预期型管理的方法，这是已被生产实践证实的科学真理。现代工业生产系统是人造系统，这种客观实际给预防事故提供了基本的前提。所以说，任何事故从理论和客观上讲，都是可预防的。因此，人类应该通过各种合理的对策和努力，从根本上消除事故发生的隐患，把工业事故的发生降低到最小限度。采用现代的安全管理技术，变纵向单因素管理为横向综合管理；变事后处理为预先分析；变事故管理为隐患管理；变管理的对象为管理的动力；变静态被动管理为动态主动管理，实现本质安全化。这些是我们应建立的安全生产科学观。根据安全系统科学的原理，预防为主是实现系统（工业生产）本质安全化的必由之路。

6. “人机环”管理的系统观

保障安全生产要通过有效的事故预防来实现。在事故预防过程中，涉及两个系统对象，一是事故系统，其要素是人——人的不安全行为是事故发生的最直接影响因素；机——机的不安全状态也是事故发生的最直接影响因素；环境——生产环境的不良影响人的行为和对机械设备产生不良的作用；管理——管理的欠缺。二是安全系统，其要素是：人——人的安全素质（心理与生理；安全能力；文化素质）；物——设备与环境的安全可靠性（设计安全性；制造安全性；使用安全性）；能量——生产过程能的安全作用（能的有效控制）；信息——充分可靠的安全信息流（管理效能的充分发挥）是安全的基础保障。认识事故系统要素，对指导人们从打破事故系统来保障自身的安全具有实际的意义，这种认识带有事后型的色彩，是被动的、滞后的；而从安全系统的角度出发，则具有超前和预防的意义，从建设安全系统的角度来认识安全原理更具有理性的意义，更符合科学性原则。

五、安全理念体系的落地工程

有了本企业或单位的通用安全理念体系，要将思想意识层面的东西真正落实到生产实际中，就需要对现有通用的安全理念体系实施落地工程，也就是安全理念体系的部门、基层和岗位实现。以企业或单位的核心安全理念为指导，按照安全理念体系的建设步骤，建设部门、基层团队和基层作业岗位的安全理念，形成各部门、团队、岗位人员的安全行为准则，体现在实际安全工作中。

主要有生产安全理念、经营安全理念、财务安全理念、管理安全理念、政治安全理念、人才安全理念、生活安全理念、环保安全理念及公共安全理念等。

第二节　安 全 承 诺

承诺是态度，更是心理的认知和行为的遵守。安全承诺是组织领导者、管理者对实现组织安全目标所涉及的安全法律法规、安全制度规范和安全生产绩效等要约的同意，以及组织成员对自己的安全责任的履行及安全行为在思想和意志上作出的保证。企业的安全承诺要体现保护人们生命安全与健康，保障安全生产、生活与生存目标的实现，而自觉做出的对安全主体责任和义务的落实及安全目标实现的口头和书面保证，以督促和监督承诺主体的安全思想和行为践行，对促进安全目标和愿景的实现具有积极的约束和警醒作用。

一、安全承诺的含义

安全承诺就是企业和员工将自身对安全的行为标准以宣言的形式表示出来。《企业安全文化建设评价准则》对企业安全承诺给出的定义是："由企业公开做出的、代表了全体员工在关注安全和追求安全绩效方面所具有的稳定意愿及实践行动的明确表示"。

安全承诺的重点在"承诺"上，"承"指在承担的责任和义务，落脚点在承担责任上；"诺"指许下的诺言，落脚点在诚实守信上。安全承诺要创造一个别人度量自己安全行为的标准，体现出言行一致的工作态度和工作方式。其中既要有行动的承担，又要有语言的应诺，如果只有"诺"而没有"承"，或者根本不准备"承"，就不是真正意义上的承诺。所以，承诺不只是口头说说而已，而是需要用行动跟进，言必信，行必果。"诺"就像宣言，是他人用来检视你"承"的标准。因此，只"承"不"诺"从某种意义上说，就是不敢宣言一个标准出来，态度上模棱两可，不让他人有评估自己的机会。

安全承诺是一种自律精神的体现，就是让他人相信你的实际行为将基于你对实际行为的语言表述——言行一致。实现安全承诺的方法则是聚焦——找到安全工作的重点，对安全工作重点给予语言上的表述。

二、安全承诺管理哲学

对企业来说，基于安全承诺之上的安全管理不再是强行硬性管理，而是企业各层为实现高度统一的安全目标而进行的各自的责任承担和义务明确。安全承诺不仅仅是一种宣言，更重要的是体现了一个企业员工的自觉自律观念和能力。因此，安全承诺管理哲学是一种软性人性管理，符合当代人文安全管理的哲学基础。我们需要做的就是引导全体员工认识安全工作的重要性和工作重点，帮其建立符合自身的安全承诺，来约束和管理自己的安全行为。

总之，通过安全承诺的建立，企业管理者和员工将会形成一种自觉自律的安全行为体系，企业管理者可以不再因为安全问题而责备员工，员工不再依靠管理者来确保他们的安全。

三、安全承诺的行为体现

安全承诺是一种自觉自律安全行为意识和安全行为能力的体现。在企业实际中主要体现为企业决策层、管理层和执行层的安全行为准则。

1. 决策层的安全行为准则

（1）严格遵守和掌握国家法律、法规及行业标准，对企业的安全生产、职业健康承担领导责任。

（2）把握企业安全生产的发展方向，为企业的安全生产管理活动领航掌舵。

（3）履行对员工、相关方的安全承诺，具备风险防范的领导和决策能力，负起安全生产第一责任人的责任；在经营理念上，将安全生产目标作为企业的核心价值。

（4）在经营过程中，视安全业绩与生产经营业绩同等重要，领导决策时，能够做到安全第一。

（5）在决策规划时，做到安全生产所需资金和投入优先的原则。了解和知晓安全环保科学管理的理论和方法，在生产管理过程中正确运用决定权、否决权、协调权、奖惩权。在机构设置、人员配备、资金保障上决策有方。

（6）以人为本，尊重员工，关爱员工，珍惜生命，为员工提供安全保障。

（7）以加强管理为基础，完善技术措施为手段，有效的制度和标准体系为保障，建立安全生产的长效机制。

（8）学习借鉴先进企业的良好经验，倡导策划、程序、修正、卓越的工作精神，提高安全管理水平，提升企业价值。

2. 管理层的安全行为准则

（1）严格执行相关法律、法规和标准、规范，践行安全生产方针，追求安全生产工作的规范、科学、合理、有效。

（2）制定好严明、详细的部门及每个成员的安全职责，使每个成员不仅了解自己的责任，还要了解本部门的责任及与本部门有关部门的责任之间的关系。

（3）认真研究本单位和基层现场可能发生的事故规律，并能够有效地采取技术管理措施，实现事故预防和安全生产的目标。

（4）制定出对成员进行安全（安全生理，安全心理，安全文化，安全技术素质）教育及训练的程序，定期组织有效的安全培训及考核，保证全员的安全文化教育。

（5）及时向决策层反映安全情况（隐患、危险危害因素、风险状态和事故信息），能够正确修正决策者的失误。

（6）对相关方的设计、制造、维修、改造等工程施工，进行及时有效的监督；对公司内生产作业或其他生产活动的情况有明确的检查。

（7）会利用科学合理的手段对变更程序和高风险作业进行严格管理和严密监督。

3. 执行层的安全行为准则

（1）严格遵守安全生产规章制度及操作规程，杜绝违章作业和违反劳动纪律。

（2）作好自身安全防护，努力做到“三不伤害”。

（3）积极参加安全学习、培训，掌握岗位所需的安全生产知识和技能，不断提高自身事故预防和应对突发事件的能力。

（4）用心工作，及时检查并发现安全隐患，保持作业现场清洁，文明生产。

（5）积极参加安全生产活动，当好安全生产的宣传者和实践者。

（6）谨记“安全生产，人人有责”，积极为安全生产献计献策。

四、安全承诺的建立

建立安全承诺的实质是提高全体职工的安全意识，从而促使职工从要我安全转化为我要安全的自觉行动，使安全生产从领导层的要求变成全体职工的自觉行动。

安全承诺的建立是一项自觉自愿的行为，不是强迫得来的，它应该包含两种重要的价值观：责任和信任。只有双方都明确了对方的要求、能力以及目标之后，责任和信任才能够得以建立。

在安全承诺的建立过程中，企业的领导和员工要明确定义每个人的安全职责，双方必须坚信对方具有落实承诺的能力。其中关键的基本性要素有：

（1）清晰的价值观和安全目标。

（2）员工对安全承诺的一致认同。

（3）与安全承诺相对应的组织和行为能力。

（4）将要实现的全体员工高度认同的安全愿景。

建立和形成安全承诺的过程，本身就是一项实际的安全工作。这一过程中要求全员参与，增强全员安全意识，培养其自觉学习和掌握安全知识并应用安全知识提高安全技能的行为习惯，确保安全规程执行的高水准，并在一个更加长久的时期内为持续保持这种安全水平提供了保障。其具体过程如下：

1. 理念系统化

理念系统是整个安全承诺的核心。安全承诺必包含安全价值观（核心安全理念）、安全愿景、安全使命、安全目标，没有价值观和目标做基础，安全承诺就是无的放矢，难以产生效果，也难以凝聚人心并引发深层次的企业变革，安全理念将为企业安全承诺的实现和拓展构筑系统，成为企业保证安全承诺能够得以全面而彻底实施的一套准则。在一个良好的企业安全承诺所形成的准则框架内，将会为员工提供充分自由的个性化空间，帮助他们产生更多的创意和积极的创造性，为创新安全文化建设方式方法创造条件。

在大多数情况下，企业都明确自己的安全使命或愿景，或是一个以安全为核心要素的使命宣言，需要加强的是将这种模糊的使命、愿景或核心要素系统化、理念化、明确化，形成一个体系完备的执行标准。

2. 承诺内部化

如果我们希望员工对自身安全工作的责任明确化、执行化，那么，安全承诺就不能局限于外部承诺。内部安全承诺来自于员工自身，员工根据自己的原因和动机对安全工作进行承诺。

一旦企业的安全承诺被勾画出来，它还需要通过全体员工的审核，并获取他们的想法和建议，以此来进一步提升安全承诺的内在力量，使承诺成为一种自觉自愿。

对于如何实现安全承诺的内部化，可以从以下几个方面来进行。

（1）安全管理人员提炼正确的安全承诺。从性质上说，安全承诺首先是群众性的，也就是说安全承诺需要从群众中来，它是自发性的，各个单位、车间、班组、岗位等都有，不是上级强加的。如果是外部强加的承诺内容，职工接受、吸收、消化、运用起来与内部自发的就有差距。

（2）安全承诺要有针对性，并且具有可操作性。承诺必须涵盖安全生产管理环节中的各个方面，有的针对投入方面，有的针对工作力度等；同时它也要具有可操作性，最终形成的安全承诺不仅是一个口号或一个标语，更重要的是要细化、落实，体现在日常安全生产和工作实践中。

（3）安全承诺应是可塑性的。随着社会经济的发展，人们工作能力、水平和认识的提高，员工素质和能力的提高，安全承诺需要不断地发展，是可塑造的，需要通过不断地提出符合安全管理实际的新理念来塑造和树立与时俱进的安全承诺内容。

另外，除了提炼以外，要善于强化安全承诺，即从群众中提炼的安全承诺要贯彻返回到群众中去，要获得每一位员工的认可，使每一位员工都能接受。如果一个安全承诺提炼出来后，不能为每一位员工所接受，包括上级领导对安全承诺的理解、把握的分寸也因人而异，则会造成承诺的虚化和形式化而不能发挥实际功效。所以，安全承诺要大众化、工作化，要有可操作性，落实到实际工作中要能和具体的工作环节结合起来。

3. 责任制度化

安全责任落实的关键在于员工，必须对员工提出明确的责任要求，并在组织中培育与企业安全承诺相一致的态度、理念和价值观。企业应该为员工提供更多具有针对性的安全培训，把安全教育变为一种创造安全责任的核心资源。

要将安全承诺以工作制度的形式制定下来，把制度和承诺的责任结合起来，如果能做到这一点，便能在工作中结合实际，又能形成一种有力的控制。按照这样的方式，把被广泛接受的安全承诺逐步地深入贯彻到每一位员工的头脑中，贯彻到每一项工作的具体环节中，就能起到提醒和警示安全的作用。

4. 承诺公开化

《企业安全文化建设导则》里明确了安全承诺应切合企业的特点和实际，反映共同安全志向，明确安全问题的最高优先权，声明安全活动的卓越追求，含义明确，能被普遍理解和接受。安全承诺要做到领导者应起到表率作用，各级管理人员要起到示范和推进作用，员工要充分理解并接受安全承诺、实践安全承诺，同时企业要将自身的安全承诺传达给各相关方，相关方要接受并提供相应的安全承诺。

在承诺公开化的基础上，建立健全安全承诺、守信、失信的约束和奖惩机制。如果员工缺乏安全道德教育和一套安全承诺激励机制，员工的价值观受到各种理念或利益驱使的影响，就会违背承诺，从而失信，在安全方面或岗位操作中有意或无意地违章。

在建立安全承诺的过程中，管理者应该创建一个开放性和支持性的企业内部环境，以体现对员工的尊重。不但能接纳来自基层的质疑，还要能容忍他们的失败和错误。在此基础上才能够建立起相互信任的和谐关系。只有在这种环境中，才能培养员工高昂的团队精神和强烈的集体自豪感，员工才能真正变得自强和自信。

五、评价安全承诺的标准

评价企业的安全承诺需要从四个方面入手：承诺的内容、承诺的表述、承诺的传播和承诺的认同，前两项侧重于承诺的内容，后两项着重评价承诺的效果。

1. 安全承诺内容

（1）安全价值观。是安全承诺的主要内容，对其评价的重点为：企业是否已确立并通过精练、准确的语言表达一种或明确或隐含的安全理念，这种理念将统领并制约企业生存与发展的一切选择、一切愿望和一切行为的方法与目标，成为企业所有成员共同持有的标准和原则。

当企业的生产、研发、市场、技术改造、人事安排、资金投入等经济行为与安全生产出现或可能出现矛盾时，企业的相关决策就会明显受到安全价值观的支配。因此，对安全价值观的评价，很多时候要用典型决策过程和处理结果作为佐证。

（2）安全愿景。对安全愿景评价的侧重在是否具有如下特点：是组织中绝大多数成员共同持有的；是发自内心的、不懈追求的心愿和前景，源于现实，高于现实又可以成为新的现实；有清晰的画面感和强大的感召力。

一个好的安全愿景不仅仅是一个设想，而应该是人们心中深受感召的力量，这种力量在开始的时候可能只是由一个想法所激发，而一旦发展成一群人的共同愿望时，就不再是一个抽象的东西。它可以创造出众人一心、天道人愿的感觉，孕育出无限的创造力。

安全承诺要明确、一致并且不断强调，需要做好以下几点：

不作夸大其词、模棱两可的安全承诺；安全信息、标准、行为以及奖励措施都要相互匹配；成功的理念或价值观的表述必须完整明确。

2. 安全承诺表述

《企业安全文化建设评价准则》4.2.2 要求："企业的安全承诺在阐述和表达上应完整准确，具有较强的普适性、独特性和感召力。"

同时《企业安全文化建设导则》中也强调，安全承诺应具有代表性、明确性、稳定性等，之所以设立这样的评价指标，是因为一个完整的安全承诺是一个企业安全文化的灵魂，它决定着一种安全文化与另一种安全文化的本质区别。

安全承诺的表述上应该有创新，具有独特的阐述角度、语言风格和感染力，不能人云亦云，更不能明显地"山寨"；要有感染力和号召力，令人振奋、引发共鸣。一般来讲，感召力来源于对受众内心憧憬的激发，内在情感的调动，所用文字既真实可信，又富有激情。通常，具有画面感的语言，更容易产生感召力。

一个没有灵魂的人，不能称其为真正意义上的人，没有灵魂的文化，注定将会很快消亡。一个企业的文化灵魂，不仅要有，而且一定要能被人们清晰地感知，并被深刻地感召。只有这样，才会使企业安全文化深入人心，融进血液，根植在潜意识中，最终体现为行为习惯。

3. 安全承诺传播

企业的安全承诺需要在内部及外部进行全面、及时、有效的传播，形成统一的行为和道德准则，以人们喜闻乐见的方式为主，选择适当的传播频度，达到良好的认知效果。从安全承诺传播的文字描述中可以看出，安全承诺的传播主要涉及传播范围、传播方式、传播频度和传播效果四个方面。

传播范围分为内部和外部。这里说的内部，是指"企业大墙内"，包括企业内部所有员工，也包括在企业内从事各种生产经营活动的承包商和其员工。外部范围视企业的具体情况有所不同，但至少要包括员工家属、生产经营链上下游的供应商、协作商等客户群体和所在社区公众等。

传播频度。指时间安排与空间分布。在首次传播后，把握适当的时间间隔，采取不同方式重复传播，直到受众家喻户晓，人人皆知。

传播方式和效果。在安全文化的建设中，传播方式是一个十分关键的元素，往往直接影响传播效果。比如，对受教育程度较低、年轻好动的员工，采用开会听报告的方式，可能不如组织某种互动式活动效果好，与其读书、看报，也许不如读一本连环画，听一次讲座，不如看一段动漫。所以，内容固然重要，但形式往往决定效果。所有传播方式与传播媒体，在空间上应分配合理，使受众方便快捷地获取相关信息。选择合理的传播载体，使其更符合受众的信息接收习惯与媒体偏好，从而获得更加满意的效果。

4. 安全承诺认同

员工认同度最终决定安全承诺的价值。

企业安全承诺的价值体现为："能否得到全体员工特别是基层员工的深刻理解和广泛接受，企业领导能否做到身体力行、率先垂范，全体员工能否切实把承诺内容应用于安全管理和安全生产的实践当中。"

经过各种方式的传播，员工对安全承诺的内容，可能已是耳熟能详，有较高的"知晓率"，但"知晓率"高，并不代表全体员工的"共鸣程度"也高。员工熟知安全承诺的相关内容，并不意味着对其内涵就有深刻理解和充分认可，也不代表对其内涵广泛接受和真心拥护，而这些，又对员工是否愿意实践安全承诺起决定性作用。所以，安全承诺需要全体认同。

企业领导层，特别是核心决策层必须身体力行地兑现与实践安全承诺，作出表率和示范。评价领导的行为时，要从特定的组织领导行为和非领导行为两方面进行。前者，是一种角色性行为，后者，是领导回归普通人的非角色性行为，两者都十分重要。在企业管理中，有一个很通俗的比喻：老板，就是企业安全文化和企业管理的天花板。

说到底，安全承诺不是目的，而是手段。安全承诺的内容要完全融化进企业组织与全体组织成员的安全实践中，体现于所有组织和组织成员的行为模式与行为习惯中，从而引导、促进一种先进安全文化的形成才是根本目的。总体而言，安全承诺的内容是一套理念、目标或准则，而承诺的方法、文字的表述以及谁来承诺等则是发挥其作用的关键因素。

六、安全承诺的整合功能

安全文化的建立要实现四个层面的转变：一是要在员工层面，实现员工素质的整体提高，实现自主管理；二是在企业层面创建学习型组织，实现团队管理；三是在行业层面，塑造行业领先者的形象，促进行业管理水平的提高；四是在社会层面，塑造对社会负责的企业形象，引领社会风气。

在这一整合模式中，安全承诺是一个特别关键的要素，因为它是将安全文化和安全管理整合起来的关键。企业的管理者需要在这两者之间建立起一种平衡关系。所谓知易行难，要使安全承诺成为企业安全管理的一体化部分，就必须使其系统化、模式化和制度化，否则，这些所谓的企业安全承诺只会成为停留在表面的文字。企业安全承诺实现机制的关键就在于通过创新找到一种适合于本企业的以社会价值目标为核心的管理模式和方法，强化公司的核心能力，并将这种能力进行整合，以达到企业安全形象、安全行为和安全理念的统一。

因此，要把握住两个重点：一是要总结安全管理的成功模式，形成一套方法论，有效地指导企业的安全管理实践；二是把责任意识融入到企业的各个层面，安全承诺的实质就是创新精神和高度的责任感，就是把安全管理建立在激发公司上下各层次员工积极性的基础之上，确保每个员工都能承担相应责任，每个人都能对安全负责。

第三节　安全执行力

提升安全执行力是建设安全文化、强化安全管理的核心内容，是确保企业长治久安、实现安全可持续发展的强大力量。

一、安全执行力概述

（一）安全执行力含义

1. 执行与执行力

关于执行及执行力的定义有许多探讨。从本质上讲，执行是根据现实采取行动的一套系统化流程，执行的过程就是完成目标的过程。它是对方法和目标的严密讨论、质疑、坚持不懈的跟进，以及对责任的具体落实。其中包括对组织所面临的环境作出假设，对组织的能力进行评估，将战略与运营及实施战略的相关人员结合，并对这些人员及其所在的部门进行协调，以及将奖励与产出结合等。

执行力体现在执行的过程中，是完成执行的能力和手段，是通过一套有效的系统、体系、组织、文化或技术操作办法等集中合理利用现有资源，协调一致，把组织目标化为员工责任范围并把战略决策转化为结果的能力。

2. 安全执行力

根据对执行及执行力的理解，安全执行力可定义为，在正确的安全战略目标指引下，通过一套与安全有关的有效系统、体系、组织、文化或技术操作办法等，贯彻执行国家的安全生产方针、政策、法律法规、规章和安全技术标准，以及组织内部各项管理制度、安全技术措施等，实现安全目标的能力。

（二）安全执行力构成

一般而言，执行力主要表现为三种能力：执行战略的能力、员工完成工作任务的能力及部门之间良好协调的能力。按照执行的主体分为个人执行力和组织执行力。个人执行力整体上表现为“执行并完成任务”的能力，就是按时按质按量完成自己的工作任务；而组织执行力主要体现在企业执行并实现组织既定战略目标的能力。

安全执行力则主要表现为，对外：执法环境优良、舆论氛围浓厚、领导重视、工作力度大等；对内：体制机制完善、落实手段多、制约措施严格、部门合力足等。

二、安全执行力的影响因素

安全管理是一个由多种相互作用的因素组成的复杂系统，安全执行力的影响因素也是多种多样的，主要有安全组织制度、安全管理制度、领导执行力、员工意愿与能力执行力文化及安全投入。它们之间是相互联系、相互作用的。

1. 安全组织制度

安全组织制度主要包括组织结构的设计、部门职能的划分、岗位职责的确定、责权利的界定及人岗匹配程度等。一般有以下几个内容：职能机构，即完成组织目标所需的各项业务工作关系；层次结构，即各管理层次的构成；部门结构，即各管理部门的构成，将影响到整个组织的运作和战略的实施；职位结构，即各层次、各部门在权力和责任方面的分工及相互关系。

组织责权利划分是指不同层次的组织人员应当享有不同的权利和利益，承担不同的责任与义务，企业管理层责权利是否明晰对执行力的影响较大。

安全管理组织结构，是根据安全管理工作明确的目的性、突出的全局性和清晰的层次性的特点，在工作实践中形成的全面、系统、纵横结合和专项结合的网络式安全组织保障和责任保障体系，是提高安全执行力的组织保障。

2. 安全管理制度

管理制度总体来说可以分为约束性制度和激励性制度。约束性制度又包括流程性制度与规范性制度，流程性制度是为了协调组织活动而设立的，它解决的是组织运营过程中怎么做的问题；规范性制度则是为了规范组织活动及员工行为而设立的，它解决的是人们的行为问题。约束性制度解决的主要是员工行为的方向问题，告诉员工该如何做，指导员工工作，员工按照制定要求规范自己的行为，有了流程性制度与规范性制度，员工行为就能够被约束到企业目标需要的方向与轨道上来。而激励性制度则主要解决员工行为的动力问题，对员工的工作起激励作用，包括薪酬制定、奖励性制度、考核制定和责任性制度等。

制度对于执行力的提高主要体现在如下三点：

（1）用制度规范执行的标准，通过规范化的制度来完善整体策略规划，员工必须按照制度的要求规范行为，不能按各自的理解来做事，用制度来达到调动企业员工工作状态的目的。

（2）用制度统一员工与组织的执行力，既不会因过分强调个人执行力的提高而忽视组织的力量，又不会违背个人的特性和价值体现。

（3）用制度建立一个执行力激励机制，包括薪酬体系、考核机制、奖惩制度及压力制度等。

科学规范的安全管理制度能够提高安全管理的有效性，使员工有章可循，提高员工的安全执行力。

3. 领导执行力

世界组织行为学大师、领导力大师保罗·赫塞博士曾经说过，成功企业的经验和研究结论表明，执行力问题就是领导力问题。组织领导者的重要职责是制定战略规划，确定战略目标。同时还要全身心投入组织运作流程中，才能确保已制定战略的顺利实施。所以领导者的执行力比一般中层的执行力和普通员工的执行力更重要。

在安全管理过程中，领导自身的安全执行力主要表现为深入基层、深入现场，善于发现问题、思考问题、解决问题；管理层的执行能力主要表现为善于沟通、协调和组织安全工作的开展；执行层的执行力主要体现为按质、按量、按时完成所布置的工作。认真对待安全工作的每一个细节，求真务实、一丝不苟，把安全管理的方方面面内化于心、固化于制、外化于行，形成一种习惯、一种自觉、一种动力，追求安全执行完美。

4. 员工意愿与能力

员工完成任务的意愿及完成任务的能力是影响执行力的重要因素。

意愿，即个体内在的、具有人格要求的、带有动力特征和心理倾向性的心理活动。能够完成工作任务的首要因素是有没有意愿，即想不想干、愿不愿意干好，亦即对待工作的态度如何。"先不考虑组织环境等因素，就个人执行力而言，影响个人执行力的因素归根到底首先是一个人的能动和意愿问题。在这里，会不会做或做不做都是次要的，关键是愿不愿的问题，这是一个人的内心能动性问题。"良好的个人执行力首先表现为一种满腔热忱的意愿，表现为一种高度的自觉性和主动自发的意识，表现为在接受工作后应尽一切努力，想尽办法把工作做好。执行意愿是员工内心对执行的一种潜在的意志，是个人想法、态度、价值观等在工作中的外在表现。通常，主动性、积极性、责任心强的人的执行力就强。

能力，即员工完成本职工作所应具备的思想及行为能力，指员工运用各种方法、策略、技术去执行任务和实现目标的必要手段和能力，包括战略分解力、时间规划力、标准设定力、岗位行动力、过程控制力与结果评估力等职业执行技能。企业中不同的人要完成不同的任务就需要不同的专项能力，员工的能力主要体现为对自身岗位的胜任度，对执行方法的选择能力，以及对岗位危险有害因素的辨识和处理能力等。而影响安全执行力的能力则主要表现为对自己所在岗位的操作工艺是否精通，对本岗位的危险源（点）是否明确，以及处置岗位突发灾害状况的能力。

5. 执行力文化

执行力文化的核心因素包括组织的执行精神、执行价值观和执行伦理，执行者的世界观、价值取向、心理特点及受组织氛围的熏陶等,最终都会影响到执行者执行该任务的效果。而作为个体的员工必然会在思想、行为上存在差异,只有依靠文化才能将个体之间的差异淡化,只有突出凝聚力才能形成推动企业前进的合力。一个好的执行文化会在组织内部、员工心中产生“化学反应”,使他们注重责任,用心工作,讲究工作质量和速度。哈佛商学院通过对世界各国组织的长期分析研究得出结论:“一个组织本身特定的管理文化,即组织文化,是当代社会影响组织本身业绩的深层重要原因,判断组织文化是否会促进组织的发展并提高组织竞争力的唯一准则就是该组织文化是否提高了组织的执行力”。

在安全管理中文化执行力主要体现为安全理念深入人心，职工自觉、自动、自发行动，执行任务不找借口、落实制度不打折扣、追究责任不讲情面的舆论氛围。

6. 安全投入

安全投入是指一国或企业用于与安全有关的费用总和，包括安全措施经费投入、个人防护用品投入、职业病预防和治疗费用等。其目的是控制危险源，消除事故隐患，提高作业安全系数，创造安全生产条件和良好的安全作业环境。安全投入直接影响安全保障能力。

安全活动是人流、物流、能量流和信息流的协调运作，安全投入指标包括：人力资源投入指标，考察从事安全管理、技术及安全文化建设等人员的配备情况，反映劳动的投入；物流投入指标，是保证系统本质安全的重要指标，反映企业安全措施、装备、资金等物的安全投入水平；信息流投入指标，是反映企业保持收集信息、应用信息和信息管理能力而进行必要投入的重要指标；事故或职业伤害损失指标，是指处理事故及其造成的其他损失和职业伤害造成的损失，这种投入是一种被动的投入。

三、安全执行力提升

（一）提升个人执行力

人是执行力的主体，所有人员在执行任务过程中所表现出来的综合能力及最终产生的效果都可以作为衡量组织执行力高低的依据。组织执行力是全体部门、全体员工执行力的合力。

不同层级的员工执行力要求不同，决策层的执行力、管理层的执行力、执行层的执行力要环环相扣，才能使战略、人员及生产运营安全很好地相结合，以实现预定的目标。

1. 提升领导者执行力

领导者是提升执行力的关键因素。对于高层领导来说，执行力的提升包括其自身的能力素质提升，以及其授权与监督能力、激励与控制能力的提升等。在安全管理中，领导者是安全管理工作计划的制定者，又是执行者，而且应该是执行的典范。对于一个组织来说，要想建立一种执行文化，它的领导者必须全身心地投入到公司的日常运营当中。领导并不是一项只注重高瞻远瞩的工作，也不能只是一味地与投资者和立法者闲谈——虽然这也是他们工作的一部分，领导者必须切身地融入到企业运营当中。领导者的基本行为包括：了解自己的企业和员工，知道企业每一天都在做什么，员工在做什么，工作进行得如何，在实施目标的过程中遇到了哪些问题，现在是否已经有了正确的解决办法等；坚持以事实为基础，把实事求是作为执行的基准；确立明确的目标及实现目标的顺序，为组织确定清晰、简洁的目标，从而使每个人都能很好地理解和执行；提高员工的素质和能力，能够针对员工的工作情况对其进行教育、培训、指导、提高员工的技能；激励员工，根据员工的表现采取相应的激励措施。

中层管理者既是组织战略目标的执行者，又是部门战术运营计划和危机预警计划的缔造者和指导者，战略分解落实下来要靠中层来实施。中层素质的高低，直接影响企业执行力的高低。中层管理者应具备良好的管理意识，在管理工作中，真正做到以人为本、以身作则，并善于识别真正适合本公司的人才，知人善任。

因此，安全管理各项决策和规章制度的落实，要靠领导干部带头执行，其执行力如何，直接影响其他职工的积极性和安全生产目标的实现，同时还要做到敢管、善管、会管。敢管，就是敢于对自己负责的项目、管辖的员工及相关方的各类违章指挥、违规动作说“不”；善管，就是要时常牢记自己的责任，做到标准面前不打折扣、人人平等；会管，就是懂得所在行业的规章、规程和标准，对本单位或所负责项目的关键工序、规范操作特别是危险点源清楚明白，能提出切合实际、具有可操作性的方法和措施，有效应对各类风险和事故。

2. 提升员工执行力

根据安全原理，与安全事故相关的“人、机、料、法、环”五要素中，人是最为重要的基本要素，人的不安全行为是导致事故发生的最直接因素。因此，安全工作的首要任务是提高员工的安全执行力，主要可从以下几个方面进行：

首先，要改善员工的态度。执行力实施的过程是在遵循人性本质规律前提下激发员工意愿的过程，意愿与个体的价值观联系紧密。员工的价值观如果与组织的价值观保持一致，由于具有相同的目标和方向，人员在执行的意愿上就会很主动；反之，执行者就会消极怠工，惰于执行任务。因此，必须使员工的价值观向组织的价值观靠拢。但个体的价值观具有不易改变的特点，无法通过短时间的培训、教育、宣传等达到这一目的，只有依靠组织文化的无形渗透作用，逐步改变员工的价值观，或者使其价值观尽量与组织价值观达成方向上的一致。

其次，通过培训来提高员工的执行力。现代安全管理科学认为，预防事故有三大安全对策。其中，安全培训教育在事故预防工作中起着举足轻重的作用，开展安全培训教育投资少、见效快，是回报企业最持久的特殊投资；教育对策是最活跃的因素，其弹性最大、可控性最高，是最容易把握的环节，包括对每个员工进行上岗前的安全管理制度和安全规程的教育培训，上岗后进行的安全继续教育和培训、特殊工种定期培训考核等。

最后，提供一个员工发展的平台。把执行力的提升与每个人的进步联系起来，为员工提供不断发展进步的机会；建立严格的绩效考核机制、奖罚分明的激励机制，注重激励的方式；将考核评价与激励机制挂钩，充分调动员工的积极性、主动性、创造性，提高员工执行力；明确工作的方向性、工作步骤及要求，使员工熟练掌握和理解各项专业技能。

（二）安全执行力管理制度

1. 构建合理的组织结构

企业执行力的组织层面，是指企业组织结构设置所具有的执行力，组织结构的设计和责权利的界定是组织结构建设的关键。

组织结构的设计是完成对组织目标的人员、工作、技术和信息所作的制度性安排，部门职能的划分与界定，是按照组织机构的设置对企业进行部门划分，同时对各部门的职责进行界定，确定各个不同部门的职能，保证各部门按照各自不同的要求和目标发展，保证部门间工作的协调连接，避免工作不明、互相推诿的现象。一旦组织有了自己的目标之后，就可以按照不同部门的职能进行分解。岗位职责的细分，是确定不同岗位员工需达到的工作目标和主要工作职责，通过岗位职责的划分，可以将总体目标划分到各个工作岗位。

组织执行力强弱的内在关键因素主要由以下五个方面决定：①组织结构的设计要具有可执行性，组织结构设计将有助于企业更有效地完成企业目标，保证工作的效率和效能，从执行的角度来看，适合企业的组织结构设置能大大增强企业的组织执行力，而不合时宜的组织机构设置则会阻碍企业的执行力；②部门职能划分是否清晰，部门职能的划分必须依据方便执行的原则；③岗位职责是否正确，岗位职责的设定要以执行为依据，要具有执行性，让各岗位员工能够执行企业的任务；④责权利的界定是否合理，只有责、权、利的界定合理，三者才能起到互相制约的作用；⑤人岗是否匹配。

针对安全管理的特点，在工作实践中，应结合实际情况适时对安全管理组织结构进行优化创新，从而在组织结构上为打造安全管理长效机制、提高安全执行力提供组织保障。

2. 规范管理制度

安全管理制度是开展安全管理工作的依据，是员工在安全生产中的工作规程和行为规范。安全规章制度可划分为安全管理制度和安全操作规程两大类。前者是各种安全管理制度、管理规程、管理标准的总称，后者是各种安全操作规程、操作标准、岗位操作规程等的总称。另外，激励性制度主要是为了解决员工在日常工作中的动力问题而设立的，一般包含激励性制度和责任性制度两种；责任性的制度规定了员工的必须部分，激励性制度则指出了员工行为的发展部分。

要建立一个开放透明的管理制度，就要实行制度管人的管理方式，将管理职能化、制度化，明确管理者的责、权、利，避免“多头领导”，从而提高管理效率和管理执行力。制度制定后关键在于执行，应全面贯彻落实以安全生产责任制为核心的一整套安全管理规章制度，通过制度管理实现有序管理，使管理和操作均有法可依。在这样的前提下，员工会以制度为准绳，保质、保量地完成工作指标，以强化各级人员的执行力。

安全管理是一个动态的过程，在这个过程中会出现新问题、新情况和新变化，这就决定了安全管理制度必须适时地、持续地进行修订、完善和创新。在各项安全管理制度的实施中，注重在贯彻执行和落实上下工夫，把安全管理制度的落实当做首要任务来抓，从大处着眼，细微处入手，强调按章办事。在安全制度面前，坚持人人平等，并通过实行严格考核和奖惩制度，维护安全管理制度的强制性、严肃性和有效性，让制度具有可执行性。

要将企业的奖励制度和执行力联系起来，对企业安全具有积极促进作用的安全行为要及时给予精神和物质的奖励与激励。

(三) 提升流程执行力

从流程角度来看提升执行力主要包括人员流程、战略流程和运营流程。执行的核心就在于这三个核心流程，开展这些流程的过程就是执行的过程，三个流程彼此紧密地联系在一起。战略的制定必须考虑到企业人员条件和运营过程中可能出现的实际问题，而对人员的挑选和任用也应当根据战略和运营的需求进行，同时企业的运营必须与其战略目标和人力资源相结合。三者之间的关系是战略流程指明方向，人员流程定义战略实施过程人的因素，运营计划则为人员开展工作指明方向。执行力是组织通过战略流程、人员流程、运营流程将长期战略目标逐一落实的能力。

1. 人员流程

人员流程主要是根据战略计划和实施方案的需要，从人员上为执行提供必要的支持和保证。战略方案确定后，人力资源部门首先应考虑人员的配置问题，为了满足战略执行的需求，可能需要对内部人员进行调整、提升，还可能需要从外部招聘。对员工进行教育培训以满足企业的战略要求，在执行既定目标过程中训练团队协作能力，以获取最高的工作效率。

人员流程至少包含三方面的任务：根据公司的战略流程与运营流程对个人进行深入而有效的评估，后备管理干部的培养，干部输送渠道的畅通。将员工与安全战略和运营结合起来，为企业提供完整的领导层培养渠道。改变人力资源部门的任务和运营，人力资源管理不仅要关注人员流程，而且要关注战略流程及运营流程，从而最终将人员与战略和运营有效地结合起来。

2. 战略流程

安全战略的制定、实施是提升安全执行力的重要因素。安全战略决策者的安全价值观及安全创新能力等因素决定企业的安全文化氛围和安全资金投入，是影响安全执行力的深层次根本性因素。

执行中的战略流程主要包括企业战略目标的设定、战略方案的选择及条件发生改变时的战略应变，战略本身的实际符合程度是执行顺利与否的先决条件。制定可执行的战略应该认真研究组织的外部环境，分析内部资源和能力状况，要以全体员工对战略的共享为支撑。因此，战略制定出来后应当将其进行充分的阐述、说明，进行战略的分解，使全体员工都能够充分认识到战略的目标和重要性，并且能够对自己职位所对应的责任有足够的了解和认识。只有从高层领导、中层领导到基层员工都理解战略内容，才能将实现企业战略目标当做自己的任务和目标，并且通过不懈的努力去执行、去实现。

一项好的战略必须考虑公司本身的执行能力。战略流程应与运营流程相结合，战略计划应当充分考虑运营流程，应当能够执行；战略流程应与人员流程相结合，战略制定者必须了解战略计划应由什么人来采取行动，是否有现成的人选，以及如何去获得合适的人选等。

3. 运营流程

运营流程则是对人员开展工作进行的指导和说明。运营流程的设计是将战略在时间和空间上进行分解，细化成一些阶段性的任务，并将任务层层落实到各个部门和各个成员。一个良好的运营流程可以尽量避免执行中出现的偏差，它可以将人员和战略更好地联系在一起。运营流程包括制定部门的计划、对计划进行实施监督、根据结果进行奖惩等。

将运营流程与人员、战略流程相结合，领导者不仅需要制定目标，而且需要将运营流程中的细节与人员流程及战略流程结合起来；不仅要对计划的实施进行监督，带领大家对战略进行评估，而且要在情况发生变化时作出取舍、积极应对，在执行计划的过程中对下属进行指导和培养。

第四节　安全自律

安全自律意识的形成是安全文化建设的核心目标之一，是实现从要我安全到我要安全转变的前提和基础。从我国目前安全生产现实来看，绝大多数生产安全事故的发生都与当事人安全生产意识的缺失有直接关系，而安全自律意识的养成是形成安全生产意识稳固的心理基础。因此，安全文化的建设就是要通过切实的工作，使得生产者养成安全自律心理，进而形成稳固的安全生产意识，去指导和规范自己的安全行为，从而实现安全生产。

一、安全自律的含义

自律与他律本是伦理学中关于道德建设的两个密切相关的基本范畴。德国哲学家康德最早创造和使用了这两个概念。马克思在《评普鲁士最近的书报检查令》一文中指出："道德的基础是人类精神的自律，而宗教的基础则是人类精神的他律。"罗尔斯在《正义论》中，通过对康德的解读，把其正义观建立在康德的自律概念之上。在他看来，康德理论的真正力量并不在于他强调了道德原则的一般性和普遍性，而在于他强调了道德原则是理性选择的目标。道德原则使人们有可能进行合理的预期，可用于控制人们在伦理王国中的行为。

（一）安全自律的含义

所谓自律就是个体对外在的社会规范和行为准则进行学习领会后，内化为自己的内心信念，从而做到自觉认同和遵守社会规范的行为准则。它是内心信念和外在行为相一致的道德范畴。

自律有两层含义。第一，自律总是与自由和理性联系在一起的，即要在道德领域体现出人格尊严和道德觉悟，而不是被内在本能和外在必然性所决定。第二，自律是指自作主张、自我约束、自我控制，这种状态必然要通过对外在规范的同化才能达到。这就说明，自律有两类：一是有自觉的道德意识和道德追求，这是一个人能够自觉接受社会道德规范的约束，限制任性的一个基本条件；二是接受了道德规范的制约并使得自己的心灵与之相融合，从而去除了道德规范的外在性，而转变为自我的生命形式。很显然自律与他律有着密不可分的关系，对个体的精神来说，不"规"就无以贞定，不"范"就无以成型。这充分说明了道德规范的先天性、外在性及某种强制性，亦即它的他律特征。个体只有接受这种道德规范的约束，才能成为为社会所认可和接受的人。很显然，道德上的自律要以这种他律为前提和内容。对个体而言，能够自觉接受他律，就是具有某种自律的表现。

从自律的形成机制来看，一方面源于个体自觉的规范认同和遵守；另一方面自律与他律又有着密不可分的关系，自律往往又是在积极他律的基础上转化而来的。

安全自律是一般的道德自律概念在安全生产领域的具体化，自律与安全自律的关系是一般与特殊、共性与个性的关系。所谓安全自律，就是从事安全生产的个体在学习领会各项安全生产规章制度和行为规范的基础上，使之内化为自己的内心信念，并能够外化为具体的安全生产行为的主观意识。它可以由个体自觉的学习和认知实现，也可以通过积极的他律转化而成。

在一般的生产领域中，从事生产的每一个个体需要遵守生产规范，需要按照操作规程办事，也只有这样，生产才能得以进行。对于安全生产而言，尤为如此。无论是煤矿、非煤矿山，还是建筑、交通运输，各项有关安全生产的规章制度和准则规范都是立足于行业特点，从维护生产的顺利进行和从业人员的身心健康出发，在理论研究和生产实践中逐渐形成的，它需要每一个生产个体去维护和遵守，反之，如果没有科学合理的安全生产规章制度和准则规范或人们对其只是见而不执行，则安全生产事故的发生同样不可避免。很显然人的因素在安全生产中所处的地位是最主要的，也正因为如此，在当代安全管理界提出了人本安全和本质安全的理念。虽然通过他律措施可以在一定程度上达到使人们遵守安全生产规章制度的目的，但最根本的还是要依靠安全自律意识的形成来保障其得到践行。只要每一个生产个体形成安全自律意识，他就不仅会自觉地学习和遵守各项安全生产规章制度，而且会对其他个体的不安全行为进行监督和约束。很显然，安全自律是安全生产意识的基础，是安全文化建设的最高境界。

（二）安全自律的特点

1. 自觉认知性

从一般意义上看，自律就是对行为的自我约束和自我控制，即在认同规范的基础上，使自己的言行与规范相一致。很显然，自律的前提是对规范的学习和认同。作为安全自律，就是要求从事安全生产的个体首先认同安全生产规章制度和操作规程的科学性、合理性和可执行性；然后自觉学习和掌握这些规章制度和操作规范，并付诸于具体的生产实际之中。这种学习和认知的过程并不是在外力的约束下进行的，而是完全出于个体的主观需要，即是在个体自由选择和自主控制下进行的。

2. 自我约束性

所谓自我约束性，就是当个体遇到外界的诱惑或强迫时，仍然能够按照自己已有的意志支配自己的行为。在道德自律中，作为自律个体不论在遇到什么样的外力影响下，仍然能够遵守社会道德规范，控制违背社会规范的思想和行为的出现，这种控制和约束的力量完全来自于自律个体的主观意志，而并非来自于诸如社会舆论、法律惩罚等外部力量的约束。在安全自律中，自我约束是最为重要的内涵。在安全生产中，生产个体会受到来自于诸如经济利益、不安全生产氛围、贪图省事及侥幸心理等各个方面的影响，作为具有安全自律意识的生产者，能够自觉排除这些不利于安全生产的影响，控制和约束自己的行为，严格遵守安全生产规章制度和操作规程进行生产。

3. 主观意识与客观行为的一致性

所谓主观意识与客观行为的一致性，是指个体的外在行为完全是在主观意识的指导下进行的，是个体真实的意思表现。自律与他律的差别性也集中体现在这个方面上。在他律的范畴里，个体的客观行为虽然达到了规范要求，但是这并不是个体的真实意思表示，甚至于完全相反，个体是在外部强制力的作用下，违心地作出了符合规范要求的行为。而作为自律，则是个体在接纳了规范之后，自觉地认同规范并将规范外化为自己的行为，在自律的范畴里，个体的行为是其主观意识的真实显现。在安全生产中，安全自律的形成，也就意味着生产人员按照安全操作规程进行生产，并不是迫于安全生产奖惩措施的压力，而是在其主观上真正认识到了安全生产的重要性，已经将安全生产的思想真正内化为自己的主观意识，实现了内在的安全生产意识与外在的安全生产行为的高度一致性。

4. 行业性

安全生产问题的重要性在不同的生产领域和行业中是有所差别的，而且具体的安全生产规章制度和操作规范也因不同的生产领域而有不同的内容。所以也就有了煤矿、非煤矿山、交通运输、建筑等高危行业的划分，而不同行业的生产特点和生产环境，特别是生产主体的个体差异，也就决定了在安全生产自律意识的培养上要有鲜明的行业特点。安全自律的行业性，一方面体现在它在不同生产领域的安全生产中所处的地位和所发挥的作用有所不同。在高危生产领域，安全生产会超越包括经济效益在内的所有指标而成为首选，因此，对职工安全生产自律的培养会显得特别突出；而在一般生产行业中，安全生产的地位可能会有所降低，对职工安全生产自律意识的培养也就会趋于一般化。另一方面，由于不同生产领域在安全生产规范内容上的差别，以及职工结构上的不同，在职工安全生产自律培养的方式方法上也会有差别。如知识结构的不同、年龄结构的不同、文化背景的不同等都会对安全自律意识的培养产生影响。

5. 社会性

所谓安全自律的社会性，指的是安全自律从更大范围上讲并不只是安全生产本身的事情，它反映的是整个社会对安全生产的认知问题，我国安全生产的总体状况与安全生产水平较高的欧美发达国家相比，还存在较大差距，这个差距的形成，除生产的环境条件和技术条件因素外，人们在安全生产自律意识上的差距尤为明显。究其原因，主要是社会历史和文化背景的不同，在一个金钱至上、经济效益第一的社会氛围下，特别是当经济效益与安全生产发生矛盾时，就很难想象会把安全生产放到第一位来考虑；在关爱生命、珍惜生命成为社会文化主旋律的时候，保证人生命的安全与健康被自然而然的放在了第一位，人们安全生产自律意识的养成也就会成为很自然地事情。从这个意义上讲，无论是安全自律的缺失，还是安全自律的形成，都与人们生活的社会文化背景有关。在我国温饱问题已基本解决的国情下，安全问题已然成为一种人人关注的社会文化现象，引导和指导社会全体成员解决安全问题，实现安全自律的状态，也已成为当代社会必须肩负的责任。

二、安全自律与安全生产

抓好安全生产工作，起关键作用的是人的因素，人员的安全意识强不强，遵章守纪的行为是否一贯，以及能否使安全工作达到可控、在控管理进而实现“零违章”，是杜绝事故的重要前提。企业每年都要在安全管理上投入大量的人力、物力、财力，安全措施和监督体系逐年都在加强，但总还是有个别人违反安全规程，脱离约束、违章违纪，继而酿成事故，造成人员伤亡，给企业和社会造成巨大的经济损失，寻根问底，总能归结到人的安全意识上，即安全自律意识欠缺。安全生产意识的缺失不仅表现在安全他律的软弱上，而且表现在安全自律的空白上；安全生产意识的缺失不仅表现在生产组织者和管理者安全生产意识的缺失上，而且表现在一般职工安全生产意识的缺失上。

1. 个别企业领导安全自律意识不强

企业单位应自觉遵守国家法律法规及职业道德，履行行业自律义务。一些生产单位的个别干部安全意识淡薄，主要表现在：口头重视安全，行动上并没有把安全放在首位；当生产紧张时，急于完成任务指标而忽视安全；忽视细小环节，对于存在的小问题熟视无睹；出现安全事故后，着重强调客观理由，推卸责任；认为即使出现事故，受罚也是有限的。

2. 一般职工的安全自律意识缺失

在安全生产实践中，职工存在安全意识不高的情况主要表现在：不重视，尽管再三强调，但在实际工作中，还是会忽视安全；与己无关，认为安全与我无关，看到别人违章不纠正、不检举、不汇报；自我表现，认为自己有经验，以老办法、老习惯对待工作，盲目操作，导致违章；侥幸麻痹，图方便、怕麻烦，讳章蛮干；愚昧冒险，特别是在抢修工作中，感情用事，忽视安全措施的落实，冒险作业；逆反心理，与班组长或其他人发生矛盾，产生逆反心理，对着干；从众心理，看到有人不遵章守纪，不仅不及时制止，而且盲目跟从。

从生产实际看，人不仅是生产作业的主体，同时也是生产事故的客体，是安全事故主要的危害对象。以煤炭生产为例，煤炭企业的顶板、爆破、运输、机电，特别是煤尘、瓦斯造成的事故是巨大的，轻者人员伤残，重者人员死亡乃至群死群伤，更进一步地说，它的伤害是深层次的，它对受害职工家属、子女、家庭乃至社会都将造成严重的损害和深远的影响。由此可见，杜绝安全生产事故，实现安全生产，关键在人。因此，人的安全生产意识的有无和高低，直接决定着企业安全生产状况的好坏。很显然，安全自律的实现，无疑是安全生产意识得到强化和成形的重要体现。如果人们都具备了安全自律意识，无论是领导者还是一般员工，不仅会自觉遵守安全生产规章制度，而且还会自觉抵制他人的不安全生产行为，则将大大推动社会安全和谐和企业的安全运营。

三、安全自律的建设与养成

根据目前我国生产人群安全自律普遍缺失的现状，安全自律的形成应该从两个方面开展：一是进一步加强安全他律工作，通过他律的约束，完成向自律的转变；二是从社会环境建设和基础教育做起，立足于长期远景目标，形成安全自律。

（一）加强规章制度建设，实现“他律”向“自律”的转变

从实际情况看，一些企业在制度措施的建立上存在不少问题，如制度不健全、不完善，可操作性不强，现实指导性差，虽然健全但执行不严、落实不到位，对职工约束多而严、对管理人员少而松，处罚多、激励少等。这些问题存在的原因主要是未能根据实际及时补充和完善一些不科学和不符合实际操作的规章制度等；制定时未认真调查研究，与实际结合不紧密；执行力不

强，执行过程中大打折扣，上紧下松；制定的制度措施治标不治本；制定的制度措施偏重于以罚代管，缺乏正面激励。这些问题的长期存在，在很大程度上制约着职工安全自律意识的形成。

企业只有建立起严格的安全生产规章制度，才能实现由以人治治人向以法制治人的转变，在健全的他律基础上完成向自律的转变。从煤矿等高危行业生产实际看，生产中各项规章制度必须健全，主要应包括安全目标管理制度、安全奖惩制度、安全技术措施审批制度、安全隐患排查制度、安全检查制度及安全办公会议制度等内容，而且各类制度要规范化、程序化、系统化。在制度执行中要有严格的执行力，对违反制度的严惩不贷，决不姑息，强化制度执行的严肃性。职工在坚持制度的同时，要在工作中从点滴小事做起，从自己做起，各项工作做到不伤害自己，不伤害他人，不被他人伤害，真正实现企业生产的本质安全。

在制度的执行中要特别加强责任追究工作。首先，要完善责任体系，并对责任进行细化，这是落实责任的前提，也是责任追究的依据。各单位要按照职责分工的要求，在完善管理人员职责分工的同时，细化职工的职责分工，要明确每个班次、每项工作、每道工序、每台设备的具体责任，真正做到人人都管事、事事有人管。其次，要抓住需要追究的人和事。责任追究不是针对某个人的，目的是通过追究，教育本人、警示他人，避免类似的问题重复发生，是维护绝大多数人的利益。各单位主要领导要亲自抓责任追究，该追的未追，就是放纵，就是害人。最后，追究处罚必须到位，严格的处罚是责任追究效果的保证，只追不罚就会流于形式、淡化效果。

（二）严格安全生产管理，促进安全自律意识的形成

1. 建立健全安全管理体系

要建立集团公司级、单位级、区队车间级及班组级安全管理网络。明确安全文化建设由党政一把手亲自抓，安监、政工部门具体负责，每年制定下发安全文化建设意见量化责任制，细化考核办法，明确近期任务和远期目标。同时，每个基层单位都要配

备分管安全的区长、群监员、青监岗员，做到每班次都有人监管；要建立单位级对工区（科室）、工区对班组、班组对个人三级考核制度和记录台账；党员、青监岗员、群监员责任区责任制度；建立安全技术责任制，即建立总工程师—副总工程师—安全生产科学技术主管—区队技术员的技术管理体系，并要求技术责任人熟知并认真执行各项技术规范和技术审批制度，落实各级安全检查技术责任制。

2. 进一步推行安全自主管理

安全自主管理模式是将人本理念落实到具体的安全生产实际中，以人为根本出发点和落脚点，充分发挥人的主观能动性和创造性，把工作中的安全和保护人的安全健康融为一体，创建出一种依靠人、调动人的安全管理模式。各级管理人员、各岗位职工按照安全自主管理体系的标准和要求规范行为，形成各负其责、相互配合、上下联系、横向到边、纵向到底的安全管理运行机制，促进各级管理人员从倾向于在工作中重点抓生产向重点抓安全、以安全促生产的转变；由应付管理、凑指标和靠罚款来管理向重监管、重教育转变。各单位要进一步加强对安全自主管理外延的认识和内涵的理解，同时推进安全自主管理这项复杂的系统工程，这是一项长期艰巨的任务，要持之以恒、循序渐进。

在推行安全自主管理过程中还要防止认识上的“三个误区”：

（1）防止产生安全自主管理就是自由管理的误区。推行自主管理，是以健全完善制度体系为保障，进一步明确界定安全生产管理中各级、各环节的职责和义务，一切管理行为、作业行为必须符合各项制度的规定。

（2）防止安全自主管理就是放纵管理的误区。特别是目前这个阶段，各管理层面必须加强指导和监督，确保各项政策、措施、制度得到有效落实，职工的不规范行为得到及时发现和纠正。

（3）防止安全自主管理只能靠“他律”来实现的误区。随着干部职工队伍素质的不断提高，一味地强调“他律”，即依靠强有力的监管，将弱化各级管理干部安全工作的积极性，广大干部职工主观能动性得不到有效发挥，安全管理工作难以收到好的效果。在目前基层单位安全自主管理水平还不是很高的状况下，必要的“他律”还是必要的，但要逐步弱化以监代管、以罚代管、强制性的“他律”，为安全自律的形成打好基础。

另外，还要继续完善关键核心制度的运行机制。关键核心制度是安全自主管理反映在现场安全管理中的核心，关键核心制度落实较好的单位，安全效果便相对较好，安全自主管理水平相应较高。另外班组是企业最基本的生产和经营组织，一切工作最终要落实到班组去实现，所以安全自主管理要重心下移，要以落实班组长现场安全责任为重点，强化班组长现场自主管控作用，通过班组长走动式巡查、安全确认、质量验收，及时纠正职工不安全行为，将隐患消除在现场，消除在第一时间，最大限度地减少隐患和不安全行为的交叉概率，使安全生产始终处于在控和可控状态。

（三）加强教育培训，促进自律形成

安全自律的主体是从事生产活动的人，在安全自律还没有成为人们普遍共识的情况下，生产单位通过一定的方法和手段对生产个体进行安全生产的教育和培训，是安全自律建设中一种易行且有效的方法措施。

生产单位要高度重视全体人员的安全生产教育培训工作，切实认识到抓好职工的安全教育和培训，提高人的防范能力和自我保安能力的重要性。在教育和培训的实际工作中，要以安全意识、知识和技能的培养为重点，善于运用反面事例，灌输安全理念，让违章的职工现身说法，促进职工的理念由“要我安全”向“我要安全”转变，由“他律”向“自律”转变。安全培训要面向全员，务求实效，不仅要培训特殊工种，而且要培训普通工种；不仅要培训各自专业应知应会的安全知识和技能，而且要培养职工安全的法治观念，安全自救知识和技能；要有质量考核机制，并且要跟踪考核，形成人人要安全、人人学安全、人人懂安全、人人会安全的良好氛围。

（四）建立企业良好的安全文化氛围

企业要加强自身的安全文化建设，树立科学合理的安全观，利用各种宣传手段宣传优秀的安全理念，让职工的眼、耳、嘴、脑里全都是安全。设立安全宣传牌板、安全走廊等让职工一饱安全的眼福；利用安全广播充斥职工的耳朵；利用现身说法、安全知识竞赛、安全演讲晚会，让职工去说安全、道安全；在现场操作中安全第一，预防为主的理念不能丢，要从根本上改变事后分析，亡羊补牢，头痛医头，脚痛医脚的做法，要防患于未然，提高职工的自我保护意识。

在企业的安全文化建设中，要特别注意职工安全行为文化的建设。具体表现在三个方面，即慎独、慎微、慎初的“三慎”安全行为，做好“三慎”是对企业职工从事安全生产的内在要求。事实上，什么时候企业职工能够按“三慎”的要求去做，工作就不会出现问题，事故也就不会发生。毋庸置疑，在企业生产中，还有与自律要求背道而驰的行为，具体表现为：工作图省事、凭侥幸、怕麻烦、怕约束，以及工作敷衍了事、粗枝大叶，这种现象虽然表现在极少数人身上，但对实现安全生产整体目标的影响仍然很大。

为了加强企业安全文化建设，规范职工行为，激发全体员工遵章作业、珍惜生命的工作自觉性，许多厂矿企业制定并编发了各种行为规范文件，从安全生产管理经营到学习、服务、环境卫生理念及员工行为规范到认真组织职工学习，加深理解，并在日常工作、生活中自觉遵守和维护。经过多年的实践，都取得了不错的成果，职工的我要安全、我会安全、自主安全综合素质得到了提升。

同时，还要开展安全长效机制建设。企业应该认识到管理的深处是文化，素质的高处是自律。实现企业特别是高危行业企业的高效、健康、和谐发展，需要得益于安全发展。一个企业的强势快速发展关键要靠安全长效机制来推动，要通过安全长效机制的建立，从根本上改变职工轻安全重生产的错误意识。在广大干部职工中要形成多种共识：要想收入高，必须安全好、安全就是效益，安全就是幸福，没有安全一切都无从谈起，只有这样，安全生产意识才会有较大的提高。

几年来的实践表明，建立安全长效机制，用制度来推动安全文化建设，以文化促安全，这是企业安全管理的发展趋势。因此，我们要不断研究新形势下安全文化建设的新情况、新问题，把安全文化建设推向一个新的水平。

（五）自律养成环境

根据社会学中人的社会化理论要求，人的知识素养、道德操守及思想意识的形成，主要通过家庭教育、邻里教育、伙伴群教育及学校教育四个途径来实现。从这里可以看到，人的思想意识的形成，主要源于后天的教育，而非与生俱来。因此，个体安全自律意识的形成，从根本上看，还需要各种安全教育途径的建设，形成良好的安全教育环境，从而从根本上形成人们稳固的安全自律意识。

1. 从基础教育抓起，进一步加强中小学安全教育

青少年时期是人的思想品格和道德意识形成的关键时期，如果在中小学阶段就把安全意识的形成作为学生教育和素质培养的一项内容，无疑会对个体走向社会后的安全自律意识的培养打下坚实的基础。在欧美发达国家及我们的近邻日本，对小学生的安全教育早已是学校教育的必备内容，从小不仅知道人身安全的重要性，而且获得了一定的安全常识。从我国的中小学教育看，在安全教育上几乎还是空白，我们不仅没有全国统一的学校安全教育教材，而且多数学校也没有安排专门的安全教育课程，就更不用说专门从事安全教育的教师了。一些安全教育还只是停留在不定期的报告会，或者是散发一些文字材料上，不能形成对学生系统规范的安全教育。

从我国安全生产的长效机制出发，从人们的安全自律意识形

成的基础出发，我国中小学生安全教育工作需要进一步提高。应该从课程建设、教材建设及师资队伍建设等基础工作入手，真正认识到安全基础教育的重要性，从而为日后形成工作中的自律安全意识打好基础。

2. 营造家庭安全教育氛围

家庭教育对人们思想意识的形成有着特殊的地位和作用，家庭教育虽然不具备学校教育的系统性和规范性，但是家庭教育却具有始发性、长期性、情感性和责任感的特点。它不仅是人们接受教育的第一个环节，而且将伴随人的一生。同时出于家庭成员之间情感和责任的需要，其教育思想很容易被受教育者所接受。

在人的安全自律意识的培养上，也要重视发挥家庭教育的重要作用。对于青少年学生，在他们成为一个合格的社会成员之前，父母就要注意对其进行相关的安全教育，配合学校促进学生安全意识的形成。对于已经从事安全生产的人员来讲，也要充分发挥其家庭成员对其安全自律意识形成的影响作用，亲人的叮嘱和牵挂、对家人的责任和义务等都是促使从业人员安全自律意识形成的推动力量。在实际生产中，生产企业要特别注意发挥家庭对安全生产的积极作用，要通过各种有效途径，利用家庭成员对职工的劝说、叮嘱、帮教等手段，有效促进职工安全自律意识的形成。

3. 加强社会安全自律环境建设

历史文化传统、社会风气等环境内容对人的思想意识的影响也是不容忽视的，社会的主流意识会很自然形成个体的意识内容。在一个高度珍爱生命、重视生命安全的社会环境里，大多数个体会在生产中从维护自身及他人的生命安全与健康出发，自觉遵守安全生产操作规程，自觉抵制违章操作等不安全行为。我国很长时间以来，安全生产状况较之于欧美发达国家存在较大差距的一个重要原因，就是没有形成全社会人人重视安全、人人尊重生命的社会氛围。特别是在市场经济的冲击下，一些利欲熏心的人，只追求经济效益，忽视了安全生产，从而造成安全意识的较大缺失。

随着社会经济的发展，人们的认识也在不断进步。特别是“以人为本”、“和谐社会”等战略目标的提出，已经为安全生产社会大环境的形成创造了前提条件，各级政府和厂矿企业要在实际工作中真正贯彻这个思想，并在社会中大力宣传和倡导，营造出珍爱生命、重视安全的社会氛围，在耳濡目染中促进人们安全自律意识的形成。

第五节　安全文化素质培养

员工安全文化素质是安全文化建设的基础和本质要求，是理念文化存在的载体，是安全文化建设之根本。安全文化的素质培养是安全文化建设的重要组成部分，员工素质如何，直接关系到我国社会主义现代化事业的建设和发展，关系到千家万户的生命与财产的安全。

一、安全文化素质的含义

1. 素质的含义

“素”，即本来的、原有的意思，“质”是一事物区别他事物的内在规定性，把这两个字合起来作为生理学和心理学的术语，是指有机体与生俱来的某些解剖和生理的特征，主要是指神经系统、脑的特征，以及感官和运动器官的特征，后来推广到社会领域，便成为个体或群体具有的某些特征。人的素质是指个体在先天禀赋的基础上，通过环境、教育形成和发展起来的相应的身心组织的要素、结构及其质量水平，主要由身体素质、思想道德素质、文化科技素质和心理素质构成。平时所讲的素质高低，则可理解为个体自身认识自然、改造自然及适应和推动社会的条件的好坏与能力的大小；扩展到群体、社会，人口素质是指在社会生活的诸多关系中，一个国家或地区人口群体所具有的德、智、体、美、劳等各种素质的总和。

2. 安全文化素质的含义

安全文化素质是一个国家和地区，或一定群体长期形成的具有相对稳定性的安全个性，也是在继承和开拓安全生产及管理领域中经常起作用的那些最基本的要素、内容和特征的文化。安全文化素质与一般意义上的素质有其共性和重叠，包括思想道德素质、文化科技素质、心理素质、身体素质等；也有其特性，即共性基础上所表现出的个性。如不同国家、不同民族、不同地区因其历史、社会、哲学、习俗、宗教等情形各异而形成不同的素质文化；军人、教师、医生、律师等因不同的岗位、职业而形成不同特点的安全文化素质：不同行业企业从事不同岗位（通常分为高危、特种作业和一般岗位）人员安全文化素质不同等。

具体地说，人的安全素质：一是基本的素质，主要通过安全知识和安全技能来体现；二是根本的素质，主要是安全意识、安全态度、安全价值观、安全认知、安全情感等。显然，人的基本安全素质是易于提升的，可以通过教育、培训、训练、实践、经验等方式来提高；而人的根本性安全素质就难于驾驭了，提高人的根本安全素质，要应用文化力，要通过长期的文化建设和氛围才能实现。

二、安全文化素质的主要特征

1. 历史继承性

一个群体的素质文化不是无缘无故就有的，而是在继承前人素质文化的同时创造和发展的当代人的素质文化体系，也是后人需要继承、发扬和世代传承的内容。如中华民族体现了维护祖国统一，热爱祖国的民族素质，并世代传承和发扬着。素质文化具有历史继承性，任何一个国家和民族文化的延续与发展，都是在既有文化传统的基础上进行的文化传承、变革与创新，如果离开传统，割断血脉，就会迷失自我、丧失根本。在中华民族千年的历史长河中，创造了灿烂的中华文明，形成了优良的素质文化传统，如亡羊补牢、未雨绸缪的事后弥补和事前预防思想，“生于忧患死于安乐”的时时思想警惕等，不仅成为中国古代安全思想的精华，而且对当代人们认识安全发展规律和提高人们安全思想认识提供了哲学基础和文化素养。

2. 开拓创新性

素质文化并非一如既往、千古不变，历史继承性表现了其传承的一面，开拓创新和丰富发展体现了其与时俱进的特性。创新是实践中学习和改造而获取的，创新是素质文化富有生机和活力的不竭动力，离开创新，文化就难以延续传承，更难以繁荣发展。历史上一些曾灿烂于世的古代文明，之所以从辉煌走向衰落，固然有多方面的原因，但创新能力不强是一个重要原因。中华民族之所以绵延五千年而不衰，就是自身有一种吐故纳新的能力，有一种求变图强的精神。经过 30 年的改革开放，我国文化赖以生存和发展的经济基础、体制环境和社会条件都发生了深刻变化，素质文化创新的意义再次凸现了出来。

3. 主体承载性

素质文化并非空中楼阁、虚无缥缈，而是具有一定的载体。这个载体就是实践中的各个不同的群体和个性，也就是认识世界、改造世界的主体。这就告诉我们，有什么样的素质文化，就有什么样的主体，或说有什么样的主体，就会表现出什么样的素质文化。例如，作为企业主体的员工，其安全文化素质较高，安全生产就多了一份保障；相反，其安全文化素质低，安全认识不到位，安全作为不保险，生产安全就少了一份保障。

总之，安全文化素质是体现一个人是否会安全行为的综合体现，只有提高人员的安全文化素质，才能完成塑造企业本质安全型人的任务。

三、安全文化素质的作用

1. 有利于造就一支确保安全的员工队伍

在企业内部营造人人讲安全、事事防事故的环境和氛围，建立起员工共同的安全需求和价值取向，从而造就一支确保安全的员工队伍，为企业安全生产培育主体条件。安全第一，预防为主，综合治理是我国安全生产的指导方针，要贯彻这一方针，并使其成为员工队伍的基本素质，就要有浓厚的安全意识、第一的安全位置、首要的安全观念，形成一个安全文化场，不是在这个职场、岗位工作的员工，一进入这个“场”就会被吸引、被融化，自然而然地提高了自身的安全素质文化，以规范自身安全行为。

2. 有利于树立先进的安全文化理念

树立安全是企业的第一要务、企业的第一效益、员工的第一福利、干部的第一责任的理念，形成尊重人的生命与健康的情感观，安全就是效益的经济观，预防为主的科学观，努力走出“讲起来重要、做起来次要、忙起来不要”的怪圈，实现口头与行动上的统一，形成“我要安全、我懂安全、我会安全”的文化理念，从而形成“没有消除不了的隐患，没有避免不了的事故”的安全共识。

3. 有利于推动安全文化建设

员工是安全生产的主体，主体有良好的安全素质文化，就会在安全生产实践活动中树立全员遵纪守法的法治观念和制度意识；严格落实安全生产责任体系和逐级负责制；积极推广应用新技术、新工艺、新设备；大力推行小改小革和技术攻关活动；加强各种安全防护装置；积极开展课题攻关活动，从根本上改善作业条件；美化整齐干净的职场环境、井然有序的工作环境、产生美感的厂区环境，以及建立起良好的企业内部人际环境、管理环境等，确保安全生产顺利进行。

四、安全文化素质培养的基本内容

安全文化素质的内容既有共性，又有个性，是共性与个性的统一。同时，必须把握安全文化素质培养的层次要求，员工队伍由不同层次的人员所组成，不同层次人员所接受教育及生长环境的不同导致所具备的安全文化素质有大的差异。因此，由于素质不同造成的不同层次岗位分工对人员安全文化素质的要求也有所不同，素质文化建设的内容亦当有所侧重。

1. 决策层的安全文化素质培养

（1）具有强烈的安全思想意识。领导决策层具有强烈的安全意识，一方面，表现为人本意识，人本意识重视人的价值，尊重人的生命，以员工的生命和健康为重，把安全第一，预防为主，综合治理作为生产经营活动的首要价值取向，防止重生产、轻安全，重效益、轻管理的思想倾向；另一方面，表现为强化法治意识，掌握国家安全生产方针、政策及法律法规，增强法律意识和法治观念，把安全生产的法律法规、规程、标准落实到具体的安全工作中去。运用安全管理的成功经验和新方法、新思路，积极推行先进的安全技术成果和先进的安全管理经验，不断提高所在单位的安全管理水平。

（2）具有较高的安全决策能力。具有较高的安全事故评估能力、对本企业的综合管理能力、对事故预测防范的能力、解决现场安全生产及系统安全工程等复杂问题的能力。

（3）具有强有力的执行力。具有强有力的执行力的决策层能够组织协调各部门、各级人员按照决策层形成的意见去贯彻、去落实，杜绝抓而不紧、抓而不实、抓而不严、抓而不细、严不起来、落实不下去现象的发生。

2. 管理层的安全文化素质培养

（1）掌握安全生产方针政策，遵守法令法规，不断学习和掌握有关的安全生产方针、政策、法律法规、制度、措施等，并结合本企业实际认真贯彻和落实。

（2）刻苦钻研业务，具有本系统安全管理技能，积极推广和应用现代管理的新技术、新办法，推进安全管理制度化、规范化、科学化。

（3）在实际工作中不断完善各项安全生产制度，并督促落实。对安全工作认真负责、尽职尽责，不做表面文章。

（4）适应企业不断发展的客观要求，及时补充完善安全生产规章制度和措施，使其切合实际，具有科学性、指导性和可操作性。

（5）不断探索安全教育的模式和有效途径，提高安全教育培训的质量和效果。

（6）结合基层实际，发展和创新基层安全管理与安全文化建设方式方法，从基层抓起，建设好区队车间及班组安全文化，提高全体工作人员的安全文化素养。

3. 操作层的安全文化素质培养

（1）有较高的安全需求，珍惜生命、维护健康，做到不伤害自己、不伤害他人、不被他人伤害。

（2）有较强的主人翁安全意识，有安全为自己、我要安全、我会安全的观念。上标准岗、干标准活，按程序、标准化操作；不违章指挥、不冒险蛮干、不违章操作；能够拒绝违章指挥，制止违章操作，做到隐患不排除不生产、措施不落实不生产、不安全不生产。

（3）具备基本的安全知识，掌握与本岗位相关的安全技术知识和安全操作规程。

（4）有较强的安全技能，熟练本岗位的作业标准、安全操作技能、操作要领，熟知岗位存在的危险因素和非正常情况处理办法等。遇到异常情况，能果断采取措施，及时把事故消灭在萌芽状态或杜绝事故的扩大。

（5）有较强的纪律性，能够自觉遵守有关安全生产的规章制度和劳动纪律。

五、安全文化素质培养的主要方法

加强安全文化素质培养的重点是提高员工以业务素质为主的职业素养，激发员工的内在潜力，充分体现以人为本，安全第一，生命至上的人本观念，造就高素质、保安全的员工队伍。

1. 加强教育培训，提高确保安全生产的能力

加强科学理论教育、职业道德教育和社会主义荣辱观教育，

加强安全生产法律法规的宣传，引导员工树立正确的世界观、人生观和价值观，强化安全生产的荣辱意识和是非观念，增强遵纪守法的自觉性。针对安全生产全面抓好教育培训；结合新技术设备的广泛应用，引导员工学习相关技术和知识；针对安全生产的薄弱环节，加强各种问题处理能力的培训；抓住技能培训、技能考核、岗位使用、竞赛选拔、技术交流、表彰奖励等环节，激发员工学习热情，提高教育培训质量。同时，开展技术、业务大练兵活动，提高应急处理能力；针对安全生产过程中容易出现的问题，定期组织技术演练、比武竞赛；各生产岗位员工都要清楚本岗位的危险源（点）及易发问题，清楚预防措施，掌握发生问题后的处理办法等。

2. 积极创造适应新的企业安全文化运行的管理机制

安全文化建设重在实践，安全文化建设是需要设计和管理的，文化必须融入到企业的经营管理中，并以一定的管理制度和管理机制来引导，才能发挥更大作用。作为企业安全文化基本任务的安全素质文化建设，要与经营管理结合在一起，要与提升业绩、提高绩效相结合，不可孤立地作文化。所以，企业安全素质文化建设需要企业不断深化改革，完善安全管理制度、健全安全管理机制，推行科学安全管理方式方法。同时，注重提高员工的安全文化素质和加强业务技能培训，不断造就训练有素的员工队伍；积极开展民主管理活动，创造一个民主、和谐、安全的文化环境；强化安全管理机制，建设监督与考核、企业与员工利益的共同体。

3. 加强舆论宣传，引导全员参与

企业为培育员工安全素质而挖掘的员工行为规范、安全价值观、安全实现目标、安全形象等安全文化内容，若不去宣传、推广，它就只是个摆设，像浮云流水，不会深入人心，更不会发挥实际效用。安全素质文化是全体员工的文化，企业要本着从员工中来、到员工中去的思路，引导全员参与。通过对员工进行灌输教育、导入培训、广而告知等做法，使企业形成浓厚的舆论氛围。如组织开展以安全文化价值观为主题的演讲比赛、安全文化知识竞赛、安全文化辩论赛等；开展创建绿色安全生产岗位竞赛、安全技能比赛、安全工作合理化建议等活动，使员工在参与中逐渐由了解到认知，由认知到认同，由认同到成为自觉行为，最终达到让员工潜移默化地接受新的安全价值观，提高安全生产的素质，规范安全行为。

4. 领导者以身作则、积极倡导

领导者是一种特殊的组织角色，企业领导者是企业生产经营、制度建设的负责人，也是企业安全文化的组织者、倡导者和示范者，在塑造安全素质文化中起着举足轻重的作用。企业安全素质文化定格后，企业领导者在工作实践中要积极宣传、身体力行，让员工看到企业提倡什么，反对什么，以及以本着什么样的准则和规范从事工作才是可行的、安全的。如果相反，领导者不去倡导和身体力行，企业安全素质文化在员工中就不会得到强化，就难以变成全员共有的文化，久而久之，只能游离于优秀安全文化价值观的体系之外，陷入空谈，经过精心培育的积极的企业安全素质文化也就会逐渐枯萎、失去活力。

5. 利用制度强化安全文化素质培养

巩固已有的安全价值观，不能单纯停留在口号上，必须寓无形的安全价值观于有形工作之中，把它渗透到每一项规章制度、政策及工作规范、标准和要求当中，进行强势推动，使员工从事每一项具体活动，都能够感受到企业安全素质文化在其中的引导和控制作用，让员工把那些约束行为的制度变成自己的行动指南，从思想上接受企业倡导的安全价值理念，企业安全素质文化才有恒久的活力。

6. 鼓励正确行为，把安全文化素质培养落到实处

安全素质文化的最终形成是一种个性心理的积累过程，这过程需要不断强化。当员工的正确行为受到鼓励以后，这种行为才能再现，进而成为习惯稳定下来，并逐渐渗透到员工的深层观念之中，从而使员工的思想意识和整体素质得以提高。不仅如

此，对正确的行为进行鼓励，让员工将企业安全素质文化的塑造更多地落实在行动上，也给其他员工树立了仿效榜样，从而产生模仿效应。因此，对符合安全价值标准的行为不断给予鼓励和强化，是巩固企业安全文化素质不可或缺的重要一环，也是提高全员安全素质的基本手段之一。

第六节　安全信息传播

安全信息是指企业生产经营过程中与人的生命健康或财物的安全实现相关联的信息事实，主要包括安全生产信息，保障企业实现安全生产的方法措施，安全生产知识、技能、经验及思想等。安全信息传播就是通过安全沟通，即企业内部、企业上下级或企业与外部之间用任何方法，如视觉、符号、电话、传真、网络、电视或其他工具为媒介，将安全信息进行交流与传递的过程。

一、安全信息传播的基本过程

安全信息传播就是把安全文化知识、安全基本技能、安全操作要素等传递给员工，并形成员工普遍安全认识和自觉安全行为的过程。简单地说，安全信息传播就是让员工认识、认知、认同。安全信息传播是一个逐渐觉悟的过程，是循序渐进的。

认识安全信息。安全信息要被全体员工所认识，就必须将安全信息准确、清晰、系统地表述出来，让人们有识别力，知道什么是安全的，什么是不安全的。安全信息的认识，应该更多地使安全成为环境和习惯的一部分。因此，应该将安全信息清晰而明确地，形成文字，分发下去，使安全信息被迅速而系统地传播到每一个角落。

认知安全信息。安全信息被全体员工所认知，就是让员工知道“如果这样”就能安全。人们对安全的认知是对安全信息的一系列观念和规则的深刻理解。安全信息要让广大员工认知，就要把安全信息的每一个问题表述清楚，解释透彻，这是最关键的一步。对安全信息解释得愈深刻、愈全面，安全的认知也就愈普遍和迅速。

认同安全信息。安全信息被员工所认同，就是让人们在对安全自觉认知的基础上，内化为自我的一部分，成为自动、自觉的肯定，让安全成为人们普遍自觉，安全文化的传播任务就真正完成了。文化的自觉使人们对这一行业、这一工作乐此不疲，将事业和工作视为娱乐和爱好，在不觉乏味的工作中，融入安全自觉，实现从要我安全为我要安全。

通过对安全信息的认识、认知、认同的描述，可以看出安全信息传播的基本过程。例如，对交通规则的遵守，小时候只机械地知道红灯停，绿灯行；长大以后便逐渐了解了交通规则与公共秩序和生命安全的关系；最后，人们会认为若不遵守交通规则，是一种缺乏责任感的行为，自认是不能容忍的。从此，遵守交通规则成了一种自觉。

二、安全信息传播的主要形式

安全信息的传播是指政府、企业组织和个人利用各种媒介将有关的安全信息有计划、有目的地传递给内外公众的一种活动。通常，安全信息传播的主要形式有组织传播、主题活动传播、人际传播及媒体传播。

1. 组织传播

组织传播指组织和其成员、组织和其所处环境之间的沟通交流。这种传播的特点是，传播的主体是组织，传播的对象十分广泛，传播具有明确的目的性和可控性。当一项安全决策由上而下传播时，会议传播可采用大会宣布、小会通报、座谈会交流等不同形式；决策也将以指示、建议乃至聊天等交流方式传播开去。还可以将安全信息以橱窗、标语、口号、雕塑、标记等形式表达出来，有助于对特色安全文化传统的继承和发扬。如对安全理念等的传播，其真正的含义和主旨不是人们一下子能看透和把握准的，也并非是人们能够立刻全部接受的，需要通过标语、口号、标记、雕塑等形式,逐步渗透到组织内部并被广泛接受。

2. 主题活动传播

通过举办特色活动、庆典活动、礼仪活动、娱乐活动、体育活动和唱安全歌曲、有奖征答、安全文化歌曲征集、形象设计等综艺方式传播安全思想意识;或通过开展“让安全文化成为一种习惯”、“让执行标准成为自觉行为”、“安全生产主题行”等教育活动,把安全信息传播出去;还可以通过各种安全信息教育、培训、考核、训练技能等,有目的地把安全信息传播出去。

3. 人际传播

人际传播是指人与人之间的沟通交流,是最常见、最广泛的一种传播方式。人与人之间人际传播的可信度和影响力远远高于其他传播方式。企业的人际传播应当注重人际传播的信息源,如在企业创造良好的人际传播环境和渠道,在企业办公和工作环境结构的设计、就餐及各种娱乐活动中,提供良好的条件,利用企业安全信息管理部门、领导层及中层领导,传播各种安全信息,加强员工相互联络。需要强调的是,企业家及其管理者的意识、行为、作风、要求和个人的示范作用,在人际传播中起着强有力的作用。

4. 媒体传播

媒体传播是指通过电视、网站、广播、报纸、宣传栏、展示中心、博物馆、编辑安全文化书籍、撰写新闻报道和专题研究文章、安全广告等传播安全信息的方式。这种方式虽然不如组织传播那样具有权威性,不如主题活动传播那样具有生动性和情趣性,也不如人际传播可信度高,但是安全信息绝大多数是在媒体上交流和传播的,媒体传播的速度快、覆盖面大,能多角度、大力度传播安全信息,把安全文化的核心价值理念、企业使命、安全要求等因素传播开来。

三、建立安全信息传播网络的主要原则

积极主动地选择和建设安全信息传播网络,实现安全信息传

播的效应最大化，是安全文化建设的一项重要工作。建立安全信息传播网络要注意坚持以下原则：

1. 导向性原则

安全信息的传播在于构建安全环境、安全行为、安全效益的过程。由于受到主客观各方面因素的影响，其传播的内容包含了较为复杂的成分，如果不加以引导，难免出现一些与安全信息传播目标不和谐的因素，反而产生消极的阻碍作用。因此，必须坚持安全信息传播的导向性，旗帜鲜明地突出和强调实现安全目标的积极因素，坚决果断地批评和抵制安全信息中的消极因素。导向性原则是建立安全信息传播网络的最重要原则。

2. 效能性原则

在建立安全信息传播网络的过程中，不可能面面俱到、求大求全。选择哪种传播形式，必须根据实际情况和安全信息传播的需要来决策，争取用最少的资源来获得最大的成效。例如，在员工文化程度较低的密集型企业里，应主要办好有线广播、闭路电视；而在知识密集型等高科技公司里，则可以利用局域网作为文化传播的主要渠道。

3. 协调性原则

安全信息传播网络有很多种，它们有各自的优势和不足。协调性原则就是要求用系统的、全局的观点，对选择的传播形式进行协调，以发挥整个网络系统的最佳综合效应，达到多种渠道奏出最强音的效果。例如，悬挂醒目的安全标语、安全画；及时更换橱窗安全宣传内容；将事故案例陈列在展览室，组织员工学习参观；利用报纸、电视对安全先进人物、劳动模范等进行大力宣传，烘托确保安全的氛围等，让多种形式的传播发挥综合作用，加深员工对安全信息的理解和接受。

4. 广泛性原则

安全信息的传播与安全文化建设一样，是企业员工共同的责任，而不是个别部门和少数人的事情，要最广泛地发动员工积极参与。参与的过程就是激发和释放广大员工智慧和创造力的过程，也只有通过广泛参与，才能使广大员工主动在思想上接受安全信息、在行动上体现安全信息，从而最终建设起优秀的安全文化。坚持这一原则，关键是要领导者带头，领导者要做安全工作的积极倡导者和实践者，才能发挥安全信息传播的最大效应。

5. 持久性原则

安全信息的传播不是一朝一夕就能完成的，而是一项长期不间断的工作，这一原则是由安全文化的本质特征所决定的。这一原则要求将安全信息传播网络建设作为企业安全基础建设的一个重要组成部分，从计划制定、组织落实、人员安排、财务投入等方面给予充分保证，建设畅通有效的安全信息传播渠道，并不断完善和创造新的传播途径，实现安全信息的持久传播。

6. 合法性原则

这一原则是指安全信息传播渠道的开发和建设必须按照国家和地方法律法规的有关规定进行。例如，开办企业内部闭路电视，必须征得当地文化主管部门的审批，并按要求配备必要的设备、人员。编印正式的企业刊物，必须到新闻出版部门申请刊号或内部报刊准印证号，依法进行注册和接受检查等。

四、安全信息传播的管理和运用

加强安全信息的传播，对于强化人员安全思想意识和培养全员安全作业行为至关重要。按照“导向正确”的要求，加强对安全信息传播的引导，特别是对事故信息的传播，减少负面影响，使全员的思想都统一到安全生产的要求上来，认识、认知、认同安全信息。按照“多管齐下”、“一个为主，多种为辅”的方法，合理选择传播的渠道。随着知识经济时代的到来，靠单一的传播途径难以形成氛围，产生良好的宣传效果，因此，综合运用多种渠道进行传播，已成为传播的大势所趋。善于运用网络渠道加强传播，及时发布安全信息，及时更新安全信息，以图文并茂、寓教于乐等多形式多角度传播安全信息。按照“实用有效”的原则，加强对安全信息传播的考核，评估安全信息传播的速度、覆盖的范围、产生的效果，使被传播的安全信息能真正被广大员工所认同和接受，并转化为生活工作中的自觉行为。

第七节　企业安全文化建设方法

企业安全文化建设就是企业在其内部对自身的安全文化现状加以促进和改进，使企业的安全文化不断进步和发展的过程，以实现提高全体员工安全素质，防止生产安全事故发生的目的。

由于企业的生产经营范围不同、规模大小不同、领导能力不同、员工素质不同、管理背景不同等原因，使得各企业具有其各自不同的、有本质特点的安全文化。因此，各个企业在建设企业安全文化的过程中，应根据本企业的特点和安全管理经验有所侧重。

一、企业安全文化建设的基本原则

1. 目标性原则

企业要开展安全文化建设必须要有明确的建设目标和方向。有了明确的目标和方向，就可依此确立相应的安全愿景、安全使命、安全价值观、安全行为规范等，并依此组织、动员全体员工为实现企业的安全目标而努力奋斗。

2. 价值性原则

企业的安全价值观是企业安全文化的核心和灵魂，在企业内部发挥着激励个体员工安全工作热情和形成凝聚力的关键作用。企业安全价值观又是深入到员工心灵深处的共同信仰，是企业和员工生存与发展的原动力。

3. 社会性原则

企业存在的社会价值，就在于它能够为社会提供安全的产品和安全的服务，满足人们对物质生活和精神生活的需要。把社会性原则放在企业安全文化建设的原则之中，就是使企业的一切生产活动围绕整个社会的和谐来展开，承担起应该承担的社会责任，履行好应该履行的安全义务。

4. 开放性原则

企业具有服务社会、服务消费的广泛性特点，必然要与其他企业、社会环境及广大相关方发生联系。因此，企业既要对自己员工的安全负责，也要对相关方负责，企业安全文化建设必须坚持开放性原则。

5. 全员性原则

在企业安全文化建设过程中，要充分发挥和尊重企业全体员工的主体地位、个人价值观和心理需求，激励全体员工主动参与到企业的安全管理工作中，激发员工的内驱力，鼓励员工积极主动查找所在作业场所中可能发生的一切危险因素。

6. 一致性原则

企业安全文化的一致性表现在企业安全目标、安全价值观、安全使命等核心安全理念上的统一，特别是集团公司，只有在一致的企业安全文化指导下，才能形成一支高效的安全团队，产生强大的凝聚力。企业安全文化的统一是企业灵魂的统一，是企业成为一个整体的根本，其中最为核心的问题是企业安全文化与企业安全战略要保持一致，安全理念与安全行为要保持一致。如果企业安全理念体系繁多复杂，过于分散，势必影响企业整体安全战略目标的实现。

7. 个性原则

企业安全文化的特点之一就是企业安全文化具有个性的特点。建设企业安全文化，必须坚持本企业的行业特征，抓住本企业的个性特点，从实际出发，建设反映本企业特色的安全文化。

二、企业安全文化建设的模式

1. 先虚后实

这种模式下的企业往往具有十分悠久的历史、深厚的文化底蕴和可挖掘的潜力。企业通过去其糟粕、取其精华，提炼总结出企业的安全文化精髓，做好“虚”的工作，然后再从企业的安全管理制度、安全操作流程、员工安全行为及安全文化环境等方面入手逐步实现安全文化“实”的过程。整个建设自上而下、浑然一体，实现了企业“理想照进现实”的初衷。

这种“先虚后实”的企业安全文化建设模式，是将安全理念由上至下逐步贯彻，由虚到实层层深入，是人们一般认识上的“文化落地”的过程。

2. 先实后虚

企业安全文化建设的另一种模式是先实后虚。这种模式与先虚后实相比，完全逆向而行，它是自下而上，由实入虚，实现文化从地面到高空起飞的过程。这种模式体现了企业安全文化建设不侧重“建设”的新立意，而看重建设的基层体现。企业安全文化建设，尤其是安全文化融合，不一定必须采用从高到低的落地战略，也可以尝试由地面到天空的起飞模式，即用无声的手法、沉默的力量从企业的流程入手，缓缓推动企业安全文化的建设，在建设卓有成效时再回首，可以更精准地提取安全文化精髓，凝练安全文化成果，更好地传承和发扬企业特色安全文化。

三、企业安全文化建设的步骤和方法

企业安全文化建设是一个动态的、长期的过程。一般通过调查分析企业环境、确定企业安全文化发展目标、采取具体措施培育企业安全文化、在实践中评价和完善企业安全文化四个阶段。

一个企业在企业家的倡导之下，决策机构作出实施企业安全文化建设项目工程的决定之后，具体建设工作可以按以下步骤具体开展。

（一）计划启动

1. 建立机构

为了使企业安全文化建设项目有组织地、规范地进行，必须建立领导机构，这个机构称为企业安全文化建设领导小组或企业安全文化建设工作指导委员会。

组长一般由企业的最高决策者担任。企业安全文化建设是

“一把手”工程，企业家要通过企业安全文化建设工程来体现自己的价值取向，把握企业安全文化建设的总体方向，在塑造企业灵魂的工程中起到决策作用。同时，确立一名企业高层领导人担任领导小组常务副组长，在整个企业安全文化建设实施阶段，专职从事领导小组的领导工作，保证按照计划方案正常有秩序的进行。领导小组还应当吸收企业一些相关部门的负责人参加，调动各方面的力量，保证建设所需资源。在领导小组之下，还需建立一个高效精干的工作机构——企业安全文化建设办公室，专职负责日常事务性工作。

为了使安全文化建设项目得以专业化、规范化、系统化的进行，企业可以借助“外脑”，即企业安全文化建设咨询顾问或企业安全文化建设咨询机构，协助企业开展安全文化建设工作，为企业的安全文化建设提供强大的专业智力支持。

2. 启动大会

经过前期的计划准备之后，选定一个合适的日期，召开企业安全文化建设项目启动大会。

召开启动大会的主要目的是动员全体员工热忱参与，让员工不仅知道要干什么，而且还知道怎么干、要达到什么目的等。首先，扩大影响，企业安全文化建设的目的之一是外树形象，通过活动宣传和社会媒体等传播，使企业安全文化建设受到当地政府和社会的关注；其次，界定项目时间，把企业安全文化建设当做一个项目，需要界定明确的时间界限，以便有序规范地实施。

（二）调查分析企业安全文化现状

调查企业安全文化现状是具体到一个企业开展企业安全文化建设的第一步，调查分析企业安全文化现状要求配备专门的人员，确定调查的内容，选择调查的方法，并最终对企业现有的安全文化形态进行准确的评价与判断。

1. 确定合适的调查人选

企业安全文化的调查分析人员由三部分人员组成：一是企业内部高层管理人员；二是外聘企业安全管理和企业安全文化建设

的专家；三是企业普通员工。由这三部分人员成立一个调查小组，在调查研究内容和方法的设计上主要由专家、学者承担，在具体的实施方面则主要由企业人员来完成。

2. 确定调查的内容

调研主要围绕着企业的核心安全理念展开。首先，调研企业最高管理层的安全价值观念，从中了解企业主导安全价值观念中的各种安全哲学观；其次，调研安全生产先进典型和模范人物，分析什么样的人才能成为企业里的安全典型，员工对他们有何评价，从中了解企业的安全精神、了解员工的精神状态和对企业安全生产环境氛围的感受；再次，调研员工，尤其是要了解员工之间的沟通方式和渠道，他们对企业的态度等；最后，了解客户和相关方对企业所作安全承诺的满意程度，以及在公众中的安全形象与知名度。

3. 调查方法

企业安全文化建设现状调查常用的方法有资料查阅、现场环境观察、专题研讨、个人访谈及问卷调查等。

（1）资料查阅。资料查阅是一项十分重要的基础工作，不能被资料所局限。调研者在查阅资料时，要去粗取精、去伪存真、由此及彼、由表及里，从资料中发现问题、分析问题、研究问题。

（2）现场环境观察。企业安全环境氛围体现了企业安全文化的个性特点，是企业安全文化的外在表象。深入企业的自然环境、生产环境、办公环境及生活环境等现场进行实地观察，也是企业安全文化现状调查不可缺少的方法。

（3）专题研讨。在考察调研中，举办各种专题研讨会，也是十分必要的。例如，基层员工代表研讨会、中层管理干部研讨会、专职安全员研讨会、高层管理者研讨会等。研讨会要注意两个问题：一要设定专题或研讨主题；二要善于引导，避免偏离研讨方向和重点。

（4）个人访谈。在企业安全文化建设项目实施过程中，个人访谈是搜集信息、掌握素材和理解资料最重要的方法。要对企业的安全文化建设现状作出客观的诊断评估，必须得到企业各层次人员的真实思想，要得到真实思想，必须与一线员工直接接触，通过问题座谈、岗位走访，可以增加对企业的认识和相关了解。在个人访谈中，要注意以下几个问题：一要写好访谈提纲；二要注意聆听和引导；三要做好访谈记录。

（5）问卷调查。在企业安全文化建设过程中，调查问卷是为了配合资源开发达到调查目的和收集必要数据，而设计的由一系列问题、备选答案及说明等组成的向调查者收集资料的重要方法。它可以用来收集有关参与者认识、态度、意愿及理念等主客观情况，也可以提供企业安全文化建设项目所需要的客观性数据。

（三）企业安全文化现状评估

企业安全文化现状评估，就是对企业的各种资源要素的盘点，就是将各种资源进行归纳整理，各归其类，评析其表象，透析其本质，对企业安全文化元素中不健康的症状及有害症状进行诊断。

企业安全文化现状评估，可以以文化的视觉审视其背景要素，探询企业安全文化的由来与发展；同时，可以为企业安全文化的设计和塑造提供重要和充足的依据；可以找到企业安全文化要素中的薄弱环节，通过一系列思考，逐步形成企业安全文化建设的主体思路。

企业安全文化现状评估是企业安全文化建设系统工程开展前期的全面总结，由此形成的企业安全文化现状评估报告，即成为企业安全文化建设的纲要。

1. 企业安全文化现状评估的原则

（1）去粗取精。在选取材料时，要注意所选取材料与企业安全文化主题的相关性，能否反映广大员工主流群体的意志、愿望和要求，要防止以点带面、以偏概全，影响材料的真实性。

（2）去伪存真。企业安全文化现状评估应该以客观真实为重要准则，对企业的历史和现状分析，必须以真实的、可信的材料为依据，对被调查者的访谈，要通过比较分析判断其是客观描述，还是主观臆断，是否带有偏见和偏离。任何一家企业，特别是文化冲撞比较严重的企业，不同的人对同一事物会有不同的意见，必须通过比较筛选，把最真实的、能反映企业本质特征的资源保留下来。

（3）由此及彼。由这件事联想推论到另外一件事情，任何事物都不能孤立地存在，都是相互依存、相互关联的。因此，在对企业安全文化现状进行评估时，要由此及彼，举一反三，把对一个事物的评估放到一个综合的系统里去客观评价。

（4）由表及里。就是要由浅入深，透过现象看本质。只有由浅入深，才能由表及里，看到本质，理解内涵。

2. 企业安全文化现状评估的要素

（1）外部文化环境。企业安全文化的形成还受关键人物、传统文化、地域文化、社会文化、行业特征、企业发展战略、生产模式等许多因素的影响。准确界定企业安全文化的外部因素对准确把握安全文化个性影响重大。

（2）人的要素。在人的要素评估中，主要包括企业家的文化资源、中层管理者的文化资源和基本员工的文化资源等。

（3）安全价值理念要素。企业的安全价值理念，在没经过自觉塑造、系统整合、精心提炼之前是实际客观存在的，有的企业经过简单的整理，形成了安全价值理念的初步框架。因此，要针对不同的情况作出恰当的评估。

除对既有的安全理念进行评估外，还要对企业正在萌芽、正在倡导的安全理念加以捕捉和追踪，通过评估加以肯定。

（4）企业安全管理体制要素。企业安全文化是企业安全管理体制和安全发展战略在安全价值理念上的反映。因此，企业的安全管理体制必然影响企业的安全文化，有什么样的安全管理体制，就有什么样的企业安全文化。

（5）安全管理文化要素。这里所说的安全管理，包括企业的安全制度管理、员工的安全行为管理、安全团队管理及安全培训管理等。

(6) 企业安全文化环境要素。企业安全文化环境设计是安全文化深化和广泛推广的重要载体。整合企业的安全文化传播系统，设计企业的安全文化环境，有利于营造良好的安全文化氛围，促进企业安全文化的快速传播，增强员工的认同度。

(四) 企业安全文化体系构建

1. 安全理念体系提炼

提炼内容包括企业安全价值观、安全愿景、安全精神、安全哲学、安全宗旨、安全道德、安全作风、安全伦理及安全信念等。

(1) 企业理念提炼的来源。具体内容如下：①民族文化精华。②当代社会文化精髓。企业安全文化是社会文化的组成部分，企业安全文化是在社会文化的浇灌下成长的，社会文化中的积极因素是企业安全文化的来源之一。当然对于社会文化的选取应该着重注意那些具有持久性的文化因素。③国外先进企业的安全理念。国外先进企业的安全理念传播的是一种或多种安全管理及安全实现的思想和方式，可以作为我国企业安全决策和安全目标实现的参考。④我国企业的优良传统。我国企业与国外企业相比具有很多特殊性的地方，我国优秀企业的传统是值得借鉴的。⑤企业家的思维。企业家的思维模式在一定程度上决定了企业的思维模式。因此，在安全理念的提炼过程中要充分尊重和挖掘企业家的思维。⑥企业优秀人物和群体的事迹。这些优秀人物的世界观、人生观和价值观对员工具有很大的影响力和感召力，他们的身上表明了企业宣扬什么，贬斥什么，鼓励什么，否定什么。⑦企业员工思维模式现状。尊重企业安全文化的现状是我们对理念提炼必须遵循的原则之一，了解员工的世界观、价值观、思维模式等是必须的内容。

(2) 企业理念提炼的方法。主要包括：①分类。将需要调查的价值观的内容进行分类。有些理念是可以通过员工调查问卷显现的，还有一些是通过访谈显现出来的。②与核心人物探讨。与企业的核心层人物共同探讨企业的价值观，并探讨围绕核心价值观而产生的不同的管理和操作理念。③设计调查问卷。通过调查问卷，了解和确认企业全体员工的安全思想现状、安全价值观念等。④排序。将不同频次和调研对象的调研结果各自进行整理并排序。⑤整合。通过以上调研及对调研结果的处理，整合形成优秀的企业安全理念体系。⑥定稿。将最后得出的企业安全价值观、核心安全理念体系等以可见载体的方式（如《安全理念指南》、《安全文化手册》等）编制、出版并发行。⑦其他理念的提炼。在找到企业的价值观与核心安全理念后，与企业家和员工代表探讨安全管理理念、安全行为理念等其他安全理念的现实体现，以不断完善和发展企业安全理念体系，引导全体员工安全思想和行为上的转变。

2. 安全管理制度体系建设

企业安全管理制度是企业安全文化建设的保证，建设科学合理的企业安全管理制度体系，是对企业安全理念提炼后得以落实的保证。

企业安全制度的设计繁杂且难以找到头绪，因此建议采取“抓大放小”的做法，从制度的主要矛盾方面着手，重点处理制度与安全理念的冲突，然后再着手梳理其他安全制度。

（1）制度分类。具体内容如下：①安全工作制度。包括对各项安全工作运行的管理规定，是保证企业各项安全工作有序运行的重要保障。②安全责任制度。指企业内部各级组织、各类工作人员的权利及责任制度。③其他制度。主要指企业的非程序化制度。

（2）总结发掘。通过设计调查问卷，了解员工对公司安全制度的认可程度、不合理方面、改进措施等，然后进行分析整理。

（3）理念契合。理念契合包含两个方面：一是指问题与理念的契合；二是指安全制度与理念的契合。首先应该找出现实问题都表明了哪些方面与理念的违背，进而找到这些理念产生的问题在制度上的相应体现，最后对制度进行修改。

3. 企业安全文化氛围体系设计

企业安全文化氛围体系设计是企业安全文化理念的载体，也是企业安全文化体系建设的最后环节。

安全行为科学研究表明，人的安全行为除受内因的作用和影响外，还受外因的影响，环境、物的安全状况对作为生产主体的人有很大的影响。建立安全视觉识别系统，设计企业的安全文化环境，创建良好的安全文化氛围，通过对人的视觉刺激，警示员工遵章作业、规范安全行为，从而达到促进安全生产的目的。

企业安全文化环境设计就是在应用传统安全标志的基础上，设计、制作人性化、个性化的安全视觉识别系统；在生产、生活场所布置企业特色的安全理念、标语、招贴画、挂图、宣传栏等，营造浓厚的安全文化氛围；制作、编写相应的安全手册和宣传方案等。

（五）企业安全文化实施

1. 企业安全文化建设应注意的关键问题

（1）需要进行广泛的推广宣传。

（2）实施的成功与否取决于企业安全效益。只有新的安全理念给企业带来良好的安全效益以后，这些安全理念才能真正成为企业安全文化的一部分。

（3）领导重视是关键。

（4）不换思想就换人。有时安全文化实施的最好方式就是更换负责人，不同的负责人对企业安全问题有着不同的认识，从而影响企业安全文化建设是否能被积极有效的落实。

（5）不能急于求成。企业安全文化是人们行为和价值观的转变，这往往发生在整个变革的最后部分。

2. 企业安全文化建设实施的过程

（1）组织准备。成立企业安全文化建设实施领导小组，由最高层领导亲自挂帅；设置专门企业安全文化实施管理部门，全面导入企业安全文化建设方案；设置企业安全文化辅助实施和监督部门，完善企业安全文化活动项目及规范程序；人力资源部协助企业管理部门进行企业安全文化教育、培训工作；宣传部门负责设计张贴公司理念和标语口号；制定企业安全文化建设实施管理办法。

（2）全面推进。制定企业安全文化建设全面导入的进度表，根据工作任务制定预算，有计划、分层次地导入。

（3）维护。①从人员、资金制度等各方面保证企业安全文化的导入和落实。②评估企业安全文化导入和落实的成效，收集来自员工和社会公众的反馈信息，分析研究安全文化理念是否深入人心，员工安全行为发生了什么变化，变化的范围和程度如何，企业的安全环境氛围建设是否统一，企业的安全管理风格和相应的安全管理制度是否发生了变化，在进行安全文化建设的过程中，各级领导和员工是否尽到了责任等。③维护和提升。对部门和员工进行适当的激励和惩罚，做到令行禁止；分析安全文化体系、安全管理制度、管理方式和工作方法中还存在的问题，加以改进；对外进行全面传播，塑造全新的企业安全形象和安全管理品牌；关注社会环境的变化，评估环境变化对企业安全文化的影响，适时调整企业的文化理念，使企业安全文化适应环境的变化。

3. 企业安全文化建设实施的方法

（1）舆论导向法：企业在新旧安全文化冲突时，要通过各种宣传活动，为员工提供正确的价值导向和行为导向渠道。

（2）形象重塑法：安全形象是企业的外在标识，是企业安全文化建设中的一部分。通过分析影响企业安全形象的因素，找出原因所在，不断完善并重新塑造企业的安全形象。

（3）利用事件法：企业在发展过程中总会发生一些重大事件。事件一般分为正反两个方面，通过对其大力渲染，使员工受到教育和启发，从而接形成正确的安全价值观和安全行为方式。

（4）行为激励法：当企业员工对企业的核心价值观不能认

同时，公司就需要采取一些激励的方法，如物质激励、强化激励、情感激励等，促使员工调整自己的心态和行为。

（5）建立礼仪法：企业安全文化礼仪是指企业在长期的安全文化活动中形成的行为模式、固定的仪式，如安全宣誓等。一个企业建立规范礼仪，可以通过示范、总结、灌输或者采取明暗两种方式组织参观学习，在企业员工之间广泛传播，使之成为企业行为规范的标准。

（6）造就楷模法：楷模是在企业安全生产经营活动中涌现出来的具有较高思想水平、业务能力等的安全生产模范、先进骨干和英雄人物。他们为企业树立了正面的典型，为企业安全文化的建设及员工的行为树立了标杆。

（7）领导垂范法：领导通过自身的语言、情感、行为带头来展示企业安全文化的特点是最有说服力的安全文化传播方式。

（8）活动感染法：企业通过各种形式的政治、文化娱乐等活动来体现企业的安全价值理念，潜移默化地使员工的安全价值取向、追求、安全行为准则等向企业倡导的安全文化方向发展。

（9）创造氛围法：安全氛围是形成风气的基础，应努力营造良好的、亲情的安全文化氛围。企业安全文化的氛围也有多种，企业应该根据自身的特点和需求，选择不同类型的安全文化氛围。

四、安全文化“四个一”建设模式

安全文化“四个一”建设模式是安全文化推进和优化的一种建设方法体系，目前在一些行业企业和地区得到普遍推广应用。

安全文化“四个一”建设模式对于企业是指：①一本手册——企业安全文化手册；②一个规划——企业安全文化发展与建设规划；③一套测评工具——企业安全文化测评标准和办法；④一系列建设载体——系列安全文化建设活动、方式、视觉系统等。该模式对于政府是指：①一套理念体系——提出安全发展理念、观念体系、价值观体系等；②一个建设纲要——编制和发布地区安全文化建设纲要（规划）；③一系列激励政策——制定和发布安全文化导则、评审验收政策、奖励政策等；④一系列示范工程——创建安全社区示范、企业安全文化示范等。下面主要论述企业安全文化“四个一”建设模式。

任何企业在长期的生产实践和管理过程中，都在无意识地形成甚至创造着自己的安全文化。显然，在一个企业的现实安全文化中，都会或多或少地同时存在着优秀的安全文化和不良的安全文化。企业安全文化的建设，就是要弘扬和发展企业优秀的安全文化，摒弃和淘汰不良的安全文化。很多企业起初的安全文化建设是无意识、自发地存在和发展的，当今强调企业安全文化建设，就是要让企业主动、自觉、有意识地创新、推进、优化和发展自身的安全文化。通过企业安全文化的推进和建设，提高企业全员（包括决策层、管理层和执行层）的人员安全素质，具体体现于企业全员安全意识增强、安全观念正确、安全态度端正、安全行为规范、安全管理高效、安全执行力提高，最终表现为企业的本质安全性提升、事故预防能力增强、安全生产保障水平提高。在与石油、化工、煤矿、电力、建筑、民航等诸多行业的合作和实践过程中，针对企业不断创新和优化安全文化的需要，提炼出了企业安全文化建设应遵循的“四个一工程”模式，即在一定时期内，推进“四个一工程”项目：一本安全文化手册、一个安全文化发展规划（纲要）、一套安全文化测评工具和一系列安全文化建设载体。实践证明，“四个一工程”的实施，对推进和提升企业安全文化水平是有效和实用的。

1. 一本安全文化手册

（1）目的。传播先进理念，倡导科学观念，引领时代潮流，增强精神动力，提供智力支持，推进文化进步。实现企业干部群众对于时代先进的优秀安全观念文化的高度认同，达到企业全体员工对于现代科学与合理安全行为文化的广泛、自觉践行。

（2）作用。企业安全文化手册对于企业内部，起到的是引导员工科学安全思维、提升员工安全素质、强化员工安全意识、激励员工的安全潜能的作用。企业安全文化手册对于企业外部发挥着宣传企业理念、树立企业形象、提升企业商誉、增强企业竞争力的作用。

（3）编写原则。精华、精练、精确，反映企业特色，文化学与安全学的交融，先进性与理论性兼备，针对性与实用性概全，国际国内优秀文化借鉴，追求企业安全文化的“本土化”。

（4）编写思路。首先对企业现有的安全管理观念、制度、经验和方法进行总结、分析、提炼；其次要吸收国内外优秀的安全文化成果；再次对企业的安全文化建设模式和方法进行完善、创新和发展，创建出涵盖安全观念文化、安全行为文化、安全管理文化和安全物态文化四个层次的新的企业安全文化体系。

（5）内容。以安全文化的形态体系结构为基准，安全文化手册的内容大致可划分为安全观念文化篇、安全方略篇、安全行为文化篇、安全管理文化篇、安全物态文化篇及格言篇。安全观念篇以体现企业核心安全理念为主，包括决策层的安全承诺、领导层的安全价值观、员工履行安全工作的态度及安全操作观念意识等。安全方略篇主要包括安全文化建设的要务、方法措施、战略对策等。安全行为文化篇主要包括全员安全素质、安全行为习惯以及用行为科学认识事故原因和责任等。安全管理文化篇则侧重于为创造安全软环境提供基础保障的管理文化，如提升安全规范的执行度、推行本质安全标准化建设等。格言篇主要是通过员工格言征集等活动，选取具企业特色和代表性的格言警句、家属寄语等。

2. 一个安全文化规划（纲要）

企业安全文化建设显然不是一天两天、一年两年的事，不是年复一年的“安全生产月”活动，而是要作为一项长期持续不懈的战略工程来抓，这就要求有一个整体的、全面的发展规划和发展纲要做向导。一个好的企业安全文化建设规划或纲要，是推进企业安全文化发展的动力。

（1）目的。使规划成为企业建设安全文化的纲领，企业安全文化建设实施的方案，企业安全文化建设的行动步骤和指南，企业安全文化推进的计划和实施依据。

（2）作用。①提高认识，确立目标。加强安全文化建设，就是以科学理论为指导，深入挖掘蕴藏在安全生产实践中的文化内涵，把先进文化与安全管理融为一体，精心培育干部职工共同遵守的安全价值理念，提升安全管理水平，提升干部职工素质和能力，培养良好的职业习惯，在企业形成规则统一、目标一致、团结奋斗的生动局面。安全文化建设是提高安全管理水平的重要手段，也是党群工作服务保证安全生产的有效载体。②明确职责，加强领导。企业安全文化的建设是一项长期的系统工程，因此，企业各级领导班子和领导干部必须高度重视，摆上日程，切实加强组织领导。党政要做安全文化建设的积极倡导者和组织者，各部门要相互协作，各级干部要身体力行。在推进建设规划实施的过程中，企业要形成党政主要领导共同负责，各级党委主抓，宣传和安监部门牵头组织协调，各职能部门加强配合，分工落实，基层党组织和群众组织积极发挥作用的工作格局。③系统载体，有效推进。企业可每年设计、创意和开展不同主题的安全文化活动，甚至，每季度都有一项不同式样的安全文化活动，如“安全为天、生命至上”、“安全发展、责任如山”等不同主题的安全文化活动。

（3）编写原则。①“三个注重”的原则，即重视过程、重视实效、重视关键。②全面参与的原则，即坚持党政齐抓共管、各部门联合推动，创造有利的安全文化建设环境。③创新与经验结合的原则，既要总结现实的优秀文化，同时要创新和发展，坚持与时俱进、科学发展。④前沿与现实结合的原则，既吸收与引进国内外先进观念和做法，同时要结合企业自身的实际，考虑其可行性和实操性。⑤逐步推进、持续改进的原则，安全文化的建设不是一蹴而就的，需要坚持持续改进、不断完善。在试点的基础上，发挥先进典型的带动和示范作用，推出典型再大范围推广，以点带面，提高建设效率和成效。

（4）内容。根据企业的实际情况，要在企业安全生产总体发展目标及要求的基础上，制定《企业安全文化建设发展规划》。基本建设目标体系可归纳为“三个阶段、三大任务、两层目标”，即目标体系可分为三个阶段、三个方面、两个层次来构建。三个阶段可据企业安全现状按时间划分；三大任务是安全观念文化建设任务、安全行为与制度文化建设任务、安全物态与环境文化建设任务；两个目标层次为宏观策略目标和微观定量目标。在宏观策略目标中对企业安全文化建设的整体状况作综合定位，进而通过微观定量将目标细化。主体内容如图 3－2 所示。

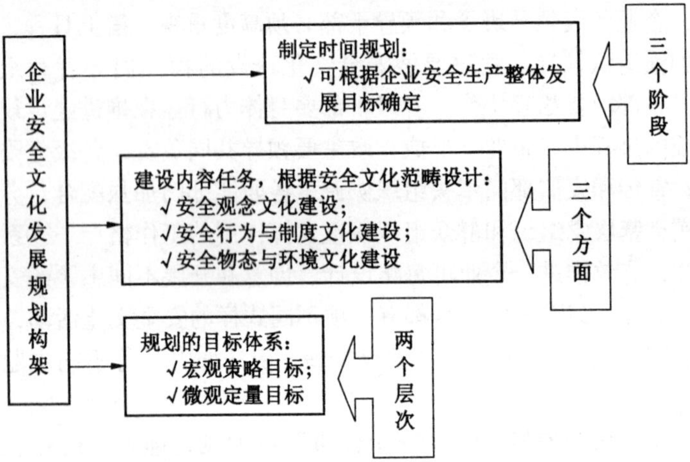

图 3－2　企业安全文化发展规划构架

3. 一套安全文化测评工具

通过建立企业安全文化测评指标体系和开发测评工具，从文化和管理的视角对企业安全文化的发展状况进行定期测评和动态评估，以定期了解和掌握企业安全文化发展和变化状况，为创新、发展和优化企业安全文化明确目标和方向，对企业安全文化的持续进步发挥作用。

1）目的

企业要创新、推进、优化自身安全文化，就要通过建立安全文化评估指标体系，开发具有行业企业特色的安全文化测评工具，现实和实时诊断企业安全文化建设现状，分析企业安全文化建设的优势和劣势，揭示企业安全管理不善的内在原因，为创新企业安全文化、发展企业先进安全文化提供科学的依据。实施企业安全文化测评是促进企业安全文化不断提升和进步的重要动力和手段。

2）作用

对安全文化的评估，其作用还不仅仅是对安全文化建设本身，同时对促进企业安全生产基础建设和事故预防能力的提升也具有重要意义和作用。近年，有一种观点认为："事故指标不能科学、全面、充分地反映企业安全生产状况，事故指标好（低或达标），并不表明企业安全生产状况就一定良好。"这一观点是客观合理的，并在逐步获得人们的共识。那么用什么指标和方法才能较为客观、充分、科学地反映企业安全生产状况呢？随着对安全生产规律的认识，以及现代安全管理科学的发展，人们认识到：①对企业安全生产状况的评估需要全面反映企业安全生产的综合能力；②安全生产状况评估，要起到促进预防的作用；③安全生产评估要体现科学、全面和充分的系统性。因此，对企业安全文化进行全面、综合的评估，已然成为促进现代企业安全管理和提升企业安全生产保障能力的重要手段和工具。

3）设计原则

（1）系统性原则。企业的安全文化是一个综合的系统，是企业内相互联系、互相依赖、互相作用的不同层次、不同部分结合而成的有机整体。企业安全文化建设着眼于企业的长远发展，企业安全文化的各个构成要素，以一定的结构形式排列，他们既有相对的独立性，同时又是以一个严密有序的结合体出现，企业内各种因素一旦构成自身强有力的安全文化，那将发挥出难以估量的功能和作用。

（2）定性与定量相结合的原则。对于难于选择的评价因子和参数，可采用定性描述的方法来评价；对于易于选择的可采用定量方法评价，通过对定性指标的打分把定性分析提高到量化评价。

（3）实用性和可操作性的原则。实用性和可操作性是模式推广应用的必要保证。所谓实用性，是指模式所涉及的管理技术对企业有关工作具有针对性，并能产生显著的效果。所谓可操作性，是指企业管理人员和有关操作人员通过适当的培训，会用模式所涉及的管理技术解决工作中的实际安全问题。

（4）比较性原则。在设计企业安全文化评估体系的过程中，吸收与引进国内外先进安全文化建设模式和做法，以其他相关企业的安全文化建设作为参照系，在对企业及企业自身特点分析的基础之上，结合行业特色和实际，考虑建设方案的可实施性和现实性。

（5）持续改进的原则。安全文化建设不是一蹴而就，不是急功近利，需要持续改进、不断深化，要树立长期坚持的思想，坚持与时俱进，加强理念创新、工作创新和组织方式创新，及时总结建设经验和做法，做好典型推广，以点带面，发挥先进典型的带动和示范作用，扩大安全文化建设成效。

（6）科学理论指导的原则。①应用文化学理论，从安全观念文化、安全行为文化、安全管理文化、安全物态文化四个方面设计建设体系；②通过对工业安全原理和事故预防原理的研究，建设需要从人因、设备、环境、管理四要素全面考虑。

4）内容

（1）企业安全文化测评指标体系。狭义安全文化的测评以安全文化学为基础，特指对企业安全文化的测评，是不含安全管理、安全科技和事故指标等的测评指标体系。广义安全文化的测评是在以安全文化为测评核心的基础上，同时还涉及企业安全管理、安全工程技术和事故率等方面的指标，从而构建出的综合、全面、系统的安全生产测评系统。

（2）企业安全文化测评定性指标的评估工具—评分表。对于安全文化测评涉及的定性指标，一般较难获得准确、唯一的评价，因此需要采用评分表工具进行大样本的抽样评分，再通过加权平均的方法，获得相应指标的测评结果。评分表主要包括安全文化测评的评分表和下属单位安全文化测评体系评分表。

（3）企业安全文化测评权重。权重又称为加权系数，某一个指标的权重或某个客体的加权系数是指该指标在同类指标中重要度的量化，或者是某个客体在同类可比客体中的客观事实的量化。在整个安全文化指标体系设计中应包含两种权重的设计，第一种为单个测评指标权重的设计，第二种为下属单位的评比加权系数。

（4）安全文化测评的单位风险分类修正系数。由于一个企业或企业所属单位的作业风险和高危性程度不同，为了使测评结果科学合理，需要针对被测评单位的作业风险程度进行权重修正。根据企业的工作性质，一般分三种单位类型设计权重修正系数：一类单位，生产风险较高、管理难度相对较大的单位，一般是企业一线单位；二类单位，生产风险中等、管理难度一般的单位，一般是二线生产单位；三类单位，生产风险较低、管理难度较小的单位，一般是辅助性生产单位。

4. 安全文化建设载体

企业安全文化不是无源之水、无本之木，它需要通过一定的方式方法或物质实体来承载，并在安全管理的过程中表现出来。这种方式方法或物质实体，被称为企业安全文化的载体。企业安全文化载体是企业安全文化的表层现象，它不等于企业安全文化。企业安全文化载体的种类具有多样性和特色性，不同行业企业可开发具有本行业企业特色的安全文化载体，如有形固定的安全培训基地、安全文化刊物、安全教育室、安全文化长廊、安全文化墙报、事故警示室、安全标识等；生动动态的安全演讲、安全文艺、安全晚会、安全月（日）、安全竞赛、安全讲评等活动。

企业安全文化载体是企业安全文化建设的重要手段。优秀的企业安全文化必有有效的企业安全文化载体来实现和体现，它们会将企业无形的安全文化外化、物化、显化，给企业安全文化建设带来物质上和氛围上的保障，增强事故预防效果。

五、政府安全文化推进与保障

1. 政府推进企业安全文化建设

政府作为企业安全生产的监管者，对企业安全生产有着监督管理的法定职责，在出现大的安全生产责任事故时，其要负监管责任。因此，政府在推动企业安全生产文化建设上与作为安全生产责任主体的企业有着共同的目的，政府应该综合运用法律的、行政的和经济的手段，充分利用自己手中的各种资源，发挥好各种资源的效能，引导、指导和推动企业安全文化的建设。

（1）政府应主要作为企业进行安全文化建设的服务者，扮演好其引导、指导和服务的角色。企业是安全生产的直接责任人，是安全生产责任主体，建设企业安全文化对企业安全生产具有根本性、基础性的意义，通过安全文化建设促进企业的管理进步、形象推广、激励员工等作用，有利于企业经济效益的实现。政府应该通过广泛的宣传和教育，使企业认识到企业安全生产文化建设的重要意义，引导企业搞好安全文化建设。在引导的同时，政府也要充分利用自己的行政资源，做好企业建设安全文化的指导和服务工作。如联合企业和行业协会进行知识和培训、应急演练等活动，在日常检查中，对企业进行法律法规的宣传，发放法律法规文本，督促企业落实安全生产主体责任，提高企业守法意识。

（2）政府应该在必要时作为企业安全文化建设的强制推动者，运用法律和行政强制的手段扮演好企业安全文化建设的监管角色。由于企业安全文化建设必然牵扯一定的人力、物力和财力的投入，而企业经营的根本目的是取得利润，因此企业的安全投入与企业经营扩大再生产总是有着无法避免的冲突，所以总有些目光短浅的企业不重视企业的安全文化建设。这时，就需要政府承担起其企业安全生产监管者的角色，对于违反法律的企业严格依法处置，通过执法来强制企业进行必要的安全文化建设。当然，执法的目的并不是惩罚，而是要本着惩前毖后、治病救人的原则，对企业严格要求、谨慎处理，在处罚违法行为的同时进行悉心的指导和教育，争取使被处罚企业达到一次受罚，终生守法的目标，让企业认识到自身问题，积极整改。

2. 政府安全文化建设保障体系

政府的安全生产功能与企业的安全生产目标是既有联系又有区别的两个问题。国家的安全生产监管是对政府（下级政府）、社会（社区和公众）和企业安全的综合监察和管理协调，是以国家和社会的整体利益为出发点的；企业的安全生产管理在一定程度上依靠和遵从于政府的安全生产监管，除了这种依靠和遵从，企业更需要从行业规律出发，从自身安全生产保障的目标出发，推行行之有效的、现代企业制度要求的、科学的安全管理。政府的安全生产功能主要应该集中在建设好系统化的安全功能体系上，即建立和完善如下六大功能体系：

（1）安全生产立法体系。加强安全生产法制手段，完善安全生产立法，建立多层次（国家与地方政府和行业相结合）、多元化（本国立法与引入国际公约和国际标准相结合）、结构化（强制性与建议性法规和标准相结合）安全生产法规系统。

（2）安全生产监管体系。建立政府统一领导、部门依法监管、企业全面负责、群众参与监督、社会广泛支持的监管体系。

（3）安全生产科研体系。国家建立安全科学技术研究资助系统，推行安全科学技术成果的公益与市场相结合的科技保障系统。安全生产科学技术成果公益化；鼓励各种机构参与安全科学技术研究；对安全生产新技术、新成果的研制单位，国家推行补助政策；对使用安全科技产品的单位或企业推行免费或部分免费使用政策。

（4）安全专业人才保障体系。建立安全工程专业人员学历教育、企业安全人员执业资格认证制度、企业管理人员管理资格认证制度、企业员工日常教育、社会公众普及教育的全面教育系统。

（5）安全生产中介服务体系。发展及规范安全生产业务（检测、咨询、评价、审核等）中介服务和咨询体系，发展安全中介服务的社会功能。中介机构的功能：承担政府委托职能（如审核、认证、研究、开发等）；接受企业安全业务委托（如安全规划、总结、检查、评价、内审等管理业务，安全技术咨询业务，以及事故处理业务等）；接受工伤个人委托业务（如工伤事故权益理断、事故责任和赔偿咨询等）。

（6）安全生产投资保障体系。推行多元化的安全生产投资模式：建立国家、地方政府、社会、企业、个人多方的安全生产投资体系，推行多渠道投入原则，谁需要谁投资的原则，谁受益谁投资的原则，谁危害谁投资的原则。投入渠道多元化：国家投入——建立安全生产基金和国家财政年度安全投入计划；政府投入——各级政府年度投入计划；社会投入——保险与预防机制相结合，社会捐资；企业投入——“三同时”、年度折旧、整改资金、事故罚款；个人投入——风险抵押、事故罚款。根据目前国家经济发展水平，我国安全生产宏观投资强度应保持在0.5%～1.5%的水平，即高危行业，安全生产投入大于1%（矿业、建筑、石油、化工等）；一般危险性行业，安全生产投入在0.8%左右（电力、冶金、地质勘探、有色、铁路等）；低危行业，安全生产投入在0.5%左右（机械、电子、商业、服务业、纺织等）。

3. 政府安全文化建设系统工程

针对政府在推动安全文化建设与发展上所做的工作，应当考虑将安全文化的建设普及到全社会，如推动安全文化建设工程，把建设安全文化，提升全民安全素质，作为开拓我国安全生产新纪元的重大安全发展战略来认识。为此，政府应有如下安全文化建设的系统工程思考：

（1）组建中国安全文化促进会，以有效组织全社会的安全文化建设。

（2）建立安全文化研究和奖励基金，为推进安全文化进步提供支持。

（3）在研究试点的基础上，推广“企业安全文化建设样板工程”和“社会（社区）安全文化建设样板工程”，加快我国的安全文化发展速度。

（4）在学校（小学、中学）开设安全知识辅导课，提高学生安全素质。

（5）有效组织发展安全文化产业，即向社会和企业提供高质量的安全宣教产品，组织和办好“安全生产周（月）”等活动，改善安全教育方法，统一安全生产培训教育模式，规范安全认证制度，发展安全生产中介组织等。

第八节　安全文化建设评估

通过安全文化建设评估，定期了解和把握企业安全文化建设现状及发展和变化状况，分析安全文化建设的环境状况及优劣势，为持续创新、发展、优化企业安全文化明确目标和方向，对企业安全文化的持续进步发挥作用。

一、安全文化建设评估实施目的和意义

1. 实施目的

自2005年国家安全监管总局领导提出安全生产五要素，将安全文化建设摆在首要位置，2006年，国家安全监管总局发布《十一五安全文化建设纲要》，明确安全文化建设的重点任务；到2009年实施《企业安全文化建设导则》和《企业安全文化建设评价准则》以来，各行业企业积极开展安全文化建设创建活动，切实加强企业安全文化建设，促进企业安全管理工作规范化、制度化和科学化，推动企业安全生产主体责任落实到位，夯

实安全生产基层基础工作，企业安全文化建设已取得初步成效。为进一步明确安全文化建设方向、把握安全文化建设重点，总结企业现实安全文化建设状况，就需要对现实企业安全文化建设现状进行评估，通过评估，了解企业自身的安全文化现状，为制定下一阶段的安全文化工作规划提供依据和指南。为此，2010 年国家安监总局下发了《国家安监总局关于开展安全文化建设示范企业创建活动的指导意见》（安监总政法〔2010〕5 号），加强安全文化建设示范企业创建活动的推广，力争在不同地区、不同行业形成一大批各具特色的示范企业，树立企业安全文化建设先进典型,进一步推动企业安全文化建设规范、有序、健康发展。

2. 实施意义

企业要创新、推进、优化安全文化建设，通过建立安全文化评估指标体系，从文化的视角对企业安全文化的发展状况进行定期测评和动态评估，一方面可以诊断企业安全文化的优势和劣势，揭示企业安全管理不善的内在原因，为创新企业安全文化、发展企业先进安全文化提供科学的依据；另一方面也是促进企业安全文化不断提升和进步的重要动力和手段。

对安全文化的评估，其意义还不仅仅是对安全文化建设本身，同时对促进企业安全生产基础建设和事故预防能力的提升还具有重要的意义和作用。随着对安全生产规律的认识，以及现代安全管理科学的发展，人们认识到：第一，企业安全生产状况的评估需要全面反映企业安全生产的综合能力；第二，安全生产状况评估，要起到促进预防的作用；第三，安全生产状况评估要体现科学、全面和充分的系统性。因此，对企业安全文化进行全面综合的评估，成为促进现代安全管理和提升企业安全生产保障能力的重要手段和工具。

二、安全文化建设评估依据

1. 理论依据

（1）应用文化学理论，从安全观念文化、安全行为文化、安全管理文化、安全物态文化四个方面设计建设体系。

（2）通过对工业安全原理和事故预防原理的研究，建设需要从人因、设备、环境、管理四要素全面考虑。坚持注重建设、注重实效、注重特色，充分整合利用资源，积极创新，加强建设，推动企业和下属各分公司的安全文化建设。

2. 政策依据

（1）《企业安全文化建设导则》（AQ/T 9004—2008）。

（2）《企业安全文化建设评价准则》（AQ/T 9005—2008）。

（3）《安全文化建设示范企业评价标准（试行）》（安监总政法〔2010〕5 号）。

三、安全文化建设评估实施保障

1. 高度重视，精心组织

企业安全文化建设作为提升企业安全管理水平，实现企业本质安全的重要途径，是一项惠及企业职工生命与健康安全的工程。各级安全监管机构要指导辖区内各类企业，把安全文化建设作为加强安全生产工作的一项重要工作来抓，列入工作日程。各有关部门和企业要制定具体的安全文化建设实施方案，进一步细化建设内容和标准，广泛发动，精心组织，有计划、有步骤、有重点地开展工作，确保创建活动取得实效。

2. 严格标准，务求实效

各有关部门要结合本部门职责，进一步加强企业安全文化建设工作的协调配合，深入企业，广泛宣传安全文化建设的重要意义，精心组织和指导创建活动。要督促企业严格对照《企业安全文化建设导则》和《安全文化建设示范企业评价标准（试行）》，从职工的需求出发，把关心、理解、尊重、爱护职工作为安全文化建设工作的基本出发点，创新形式、加大投入，采取有效方式，倡导安全文化、传播安全理念、加强安全管理、营造安全文化氛围，真正实现以文化促管理、以管理促安全、以安全促发展，打造本质安全型企业，实现安全发展、和谐发展。

3. 典型引路，扎实推进

各级安全监管监察机构要加强对企业创建活动的指导，严格按照有关要求推荐示范企业，做到不同行业、不同规模兼顾。要及时总结创建活动中的好经验、好做法，充分发挥典型的示范带头作用，扎实推进企业安全文化建设工作。

四、安全文化建设评估流程

安全文化建设评估流程如图 3－3 所示。

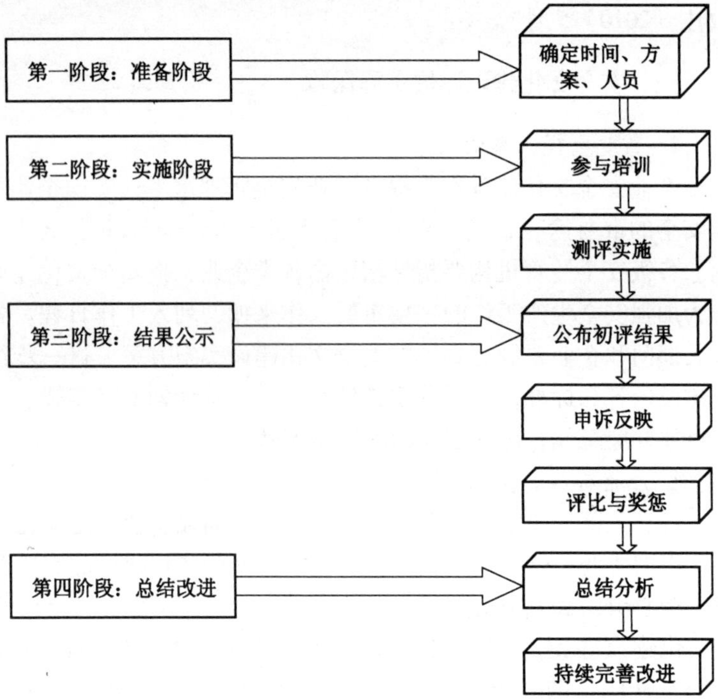

图 3－3　安全文化建设评估流程

第四章　企业安全文化建设实例

第一节　企业安全文化理念实例

近年来，一些企业在自身的安全文化建设过程中，提出了一些具有一定特色的安全文化核心理念，对安全文化的推进、提升和优化发挥了积极的作用。本节将其中一些有代表性的理念作为案例提供给读者参考。

一、安全文化核心理念SCI形象设计实例

案例一　山东某煤矿的“方圆”安全文化

1. 寓意

“方”为基础，是指从安全工作的自然属性和客观规律出发，对矿井各项安全规章制度及环境、设备、技术等的刚性约束手段；“圆”为形态，是指从安全工作的主体和核心出发，坚持以人为本、人文关怀和情感尊重，实现人与自然和谐统一的过程。

“方圆”安全文化的意义：一是煤矿安全规矩为本，没有规矩，不成方圆；二是煤矿安全管理实施“方”性硬管理与“圆”性软管理结合的机制；三是“方圆”是科学的闭环管理，象征着安全工作是一个持续发展、永不停歇的过程；四是安全工作要创造圆满，追求和谐。

2. 内涵

“方圆”安全文化以预防为核心，是刚柔相济的安全思维方式；是严爱结合的安全管理模式；是教育与管理并重的体制机

制。方与圆象征着安全工作是内方外圆的互动时空，既有所坚守又勇于突破，管理制度细实严明而文化熏陶潜移默化，持续发展，追求圆满、创造和谐。“方圆”安全文化，一言以蔽之，是源于矿井安全生产实际而生成的一种安全管理方法论。

“方圆”的观念文化：有规有矩，才成方圆；安全生产，规矩为先。

“方圆”的行为文化：时时处处遵规守矩；人人事事安康和谐。

“方圆”的制度文化：“方”性管理——严、细、实、恒；“圆”性管理——情、理、爱、和。

“方圆”的物态文化：“方”的环境——本质安全硬环境；“圆”的氛围——人文和谐软环境。

案例二　我国某地铁公司的“零风险”安全文化

1. 寓意

（1）地铁安全永远从零做起，安全工作没有最好，只有更好。

（2）“零”象征着圆满，地铁追求安全圆满，让政府放心、乘客满意、社会好评、同行赞同。

（3）地铁企业追求“零风险”安全控制目标，通过科技强安、管理保安、文化兴安战略，实现人员、设备设施、环境、管理四个要素的“零风险”。

2. 内涵

（1）行为——“零违章”。

（2）操作——“零差错”。

（3）设计——“零缺陷”。

（4）设备——“零故障”。

（5）环境——“零危害”。

（6）管理——“零盲区”。

（7）制度——“零缺项”。

（8）监督——“零宽容”。

二、企业安全文化核心理念实例

（1）中国民航：持续安全——安全为了发展，安全促进发展。

（2）中石油：健康至上，安全第一，环保优先。

（3）大庆炼化：最可贵的是生命，最可怕的是违章。

（4）秦山三核：安全无借口，赢在执行，以人为本，追求卓越。

（5）峰峰集团：以人为本，安全为天，紧严细实全。

（6）齐鲁石化：生命安全至高无上，健康环保优先发展。

（7）兖矿鲍矿：安全为天，责任如山；以人为本，生命至上。

（8）兖矿物资：让安全与物流同行。

（9）胜利油田：安全为天，以人为本，预防为主。

（10）胜利海油：安全大于天（safety is larger than sky）。

（11）中能煤田：“说一不二”抓安全。

（12）北京地铁：科技管理创平安，永远追求“零风险”。

（13）川煤芙蓉集团杉木树矿业：珍爱生命，人人安全健康文明，享受幸福生活。

（14）山东淄博矿业：安全为天，以人为本，预防为主。

（15）皖北煤电五沟煤矿：珍爱生命——让安全成为我们的习惯。

（16）白庄煤矿：百安文化——以人为本，安全为天，质量为基，预防为主。

（17）神华集团：煤矿能够做到不死人；生产时瓦斯不超限，超限就是事故。

（18）山东金洲矿业：安全绿洲，成全金洲。

（19）北京铁路局：安全第一，生命至上。

（20）鞍钢集团矿业公司：第一素质、第一责任、第一工作、第一管理。

第二节　企业安全文化建设体系实例

本节介绍了多个企业的安全文化建设体系案例。这些企业的安全文化建设都具有一定的特色和代表性，并在实际的安全生产工作中发挥了作用，获得了成效。经专家考查，认为在安全文化特征属性表现和建设方法体系的完整性等方面都是成功的，更重要的是通过实践证明了安全文化作用及意义，本节作为范例提供读者借鉴参考。

案例一　"五位一体"安全文化体系

——北京铁路局

北京铁路局按照我国《"十一五"安全文化建设纲要》和铁道部的部署，以安全文化建设为龙头，推动企业安全文化建设和发展。特别是针对铁路第六次大提速、京津城际、石太客专开通运营等安全标准高、要求严、压力大的铁路高速新形势，北京铁路局主要从以下六个方面着手，打造以理念、制度、设备、素质、环境五个方面为主要内容的"五位一体"安全文化体系，为安全提速，持续稳定提供文化支撑。

北京铁路局建议安全文化体系主要有以下几种做法。

一、认清重要意义，形成思想共识

对安全文化建设的认识需要一个不断提高的过程。起初，在北京铁路局内部，多数干部职工对安全文化有模糊的认识，有的职工认为提速、安全、稳定的压力很大，没有精力抓安全文化建设；有的职工认为安全文化建设就是搞搞活动，没有必要作为一项重要任务来抓；有的职工认为铁路改革尚在推进过程中，抓安全文化建设为时过早等。针对种种模糊认识，北京铁路局用

“四个有利于”统一思想，即加强安全文化建设，有利于强化干部职工的安全意识，构筑干部职工共同奋斗的思想基础；有利于借助文化的力量，进一步规范和提高新体制下的安全管理水平；有利于激发干部职工力保安全的内在动力，解决安全管理中难以解决的惯性问题；有利于贯彻政治工作“融入中心、服务大局”的要求，提高企业文明建设水平。为此，北京铁路局每年下发的1号文件，都对推进安全文化建设进行部署；每年召开的全局工作大会，都对安全文化建设提出明确要求；每年都制定安全文化建设推进方案。同时，北京铁路局把2006年作为安全文化建设的启动年；2007年作为推进年；2008年作为发展年；2009年作为转化年，转化安全文化建设的成果；2010年作为拓展年，把安全文化建设向高速铁路文化建设拓展。

二、深入调查研究，明确工作思路

企业如何抓安全文化建设？抓什么才能真正对安全生产发挥作用？针对这些问题，北京铁路局成立了调研组，经过一个多月的专题调研和反复讨论，认为制约安全生产的主要因素有五个方面：一是理念，二是制度，三是设备，四是素质，五是环境。随后便在此基础上，制定了《北京铁路局安全文化建设实施意见》，明确了全局安全文化建设的指导思想、工作原则、目标要求和具体任务。理念文化建设主要解决安全责任意识问题，树立正确的安全观念，构筑安全生产的思想基础；制度文化建设主要解决落实制度的自觉性问题，彰显规章制度的刚性和威严，让执行标准成为习惯；设备文化建设主要解决人机关系问题，实现人机互补、人机制约、人机和谐；素质文化建设主要解决对铁路严格管理的认同问题，提高职工的职业素养；环境文化建设主要解决职场和人际环境的优化问题，增强环境对于安全生产的影响力。

三、加强培训教育，普及理论知识

为了统一认识，使安全文化的建设既具有纲领性、指导性，又有实践和可操作的抓手，北京铁路局抽调力量，编辑出版了“北京铁路局安全文化手册”《安全理念篇》、《制度规范篇》、《实践案例篇》和《实践与探索》系列丛书，使安全文化建设学有教材。该局还把安全文化建设列入干部培训必修的内容，对各级干部进行脱产培训，具体内容如下：一是聘请专家授课，对骨干进行专题培训；二是组织专人授课，从宣传部、党干校、培训中心等抽调8名老师，在先学一步基础上，为举办的各种培训班授课；三是基层单位领导宣讲，把教材发到基层单位，各单位党政主要领导在本单位组织的学习班上亲自进行宣讲。北京铁路局利用报纸开辟安全专栏，介绍安全文化知识，及时报道安全文化建设动态，不断渗透安全文化知识，使大家不但对安全文化建设理论知识有了一定的了解，而且逐渐形成了建设安全文化的思想共识。

四、建立领导机制，明确各方责任

为了让安全文化建设能够落到实处，持之以恒，北京铁路局抓安全文化立足于三个落实，即落实责任人、落实责任人责任、落实责任执行，并制定了三个方面的安全文化建设制度机制。具体内容如下：一是建立领导工作机制。明确安全文化建设由党政主要领导共同负责，各级党委主抓，宣传部门和安监室牵头组织协调，各职能部门加强配合、分工落实，基层党组织和群众组织积极发挥作用，形成了齐抓共管的工作格局。二是建立责任落实机制。党群部门发挥思想政治优势和群众优势，突出抓好理念文化建设，在构筑确保安全生产的共同思想基础上发挥作用；业务部门从设备、制度、素质、环境等文化建设上选准切入点，在促进安全文化与管理深度融合上发挥作用；管理部门把安全文化渗透到人、财、物的管理中，从劳动用工、上岗培训、人才选拔、收入分配等方面，推动安全文化建设。每年制定《安全文化建设推进方案》，明确时间，责任到人。三是建立考核评价制度。下发了《对运输生产站段安全文化建设进行考核的通知》，把安全文化建设与安全管理过程融为一体，纳入安全生产的综合评估，每半年考核一次，做到了安全文化建设与安全管理同研究、同部署、同检查、同考核、同奖惩。

五、深挖精掘提炼，促进深度融合。

安全文化建设既要有广度，也要有深度；既要有常规普遍性，也要有特色创新性。北京铁路局地处首都，在安全工作上具有自身特点，形成了深厚的安全文化底蕴。中国人自己设计建造的第一条铁路——京张铁路，其独特的设计闪耀着安全文化的光芒；我国唯一一台以毛泽东同志名字命名的机车“毛泽东号机车组”，始终是全铁路安全生产的一面旗帜，“责任心 + 责任制 + 基本功 = 安全”的经验在全局推广等。

在挖掘历史资源、探索铁路安全规律、把握首都局安全生产特点的基础上，北京铁路局确定了安全文化建设十大实物景观，初步提炼形成了北京铁路局安全生产的核心安全理念体系。一是明确了安全生产的核心理念：安全第一，生命至上。二是明确了安全文化建设的具体目标：使安全发展成为信念，使执行标准成为习惯，使精益求精成为追求，使严格管理成为共识。三是明确了职工职业素质的基本要求：强烈的安全责任意识，对严格管理的普遍认同，以及熟练的操作技能。四是明确了职工的职业道德操守：不伤害自己，不伤害别人，不被别人伤害，发现可能伤害他人的危险及时制止等。安全理念体系的确定，为安全工作提供了思想文化的支撑，同时也使日常安全管理有了鲜明的思想内涵。

六、抓典型推亮点，鼓励探索创新

安全文化的建设要有员工的广泛参与，安全文化的理念要落地生根。在推进安全文化的过程中，北京铁路局的安全文化建设在基层单位呈现出亮点闪烁、典型涌现的局面。比如，所辖的石家庄电力机务段运用“细节原理”抓标准化落实；邯郸车务段运用“破窗原理”抓安全生产上的漏洞；丰台机务段运用“投石头原理”防止安全生产上的麻痹思想，走出“事故周期率”；衡水工务段运用“翻跟头原理”给职工提供施展才华的平台，营造和谐的企业氛围。基层单位对安全文化建设表现出极大热情，各级领导对安全文化建设的重视程度在不断提高。作为领导干部，“不懂得、不重视安全文化建设就不是合格的领导干部”已成为共识；站段中层干部认为抓安全的视野开阔了，办法多了；许多一线职工认为在严格管理中感受到了文化的温暖。截至2010年5月9日，北京铁路局实现安全生产600天。北京铁路局安全文化建设得到铁道部、北京市、国家安全生产监督管理总局的肯定，在“中国企业安全文化研究”、《中国思想政治工作研究动态》等20多个会议和刊物媒体上介绍了经验，中国文化管理学会授予了其“安全文化建设先进单位”称号，在第二届北京安全文化论坛开幕式上授予了首批“北京市安全文化建设示范企业”。

案例二　“方圆”安全文化体系

——山东鲍店煤矿

一、“方圆”安全文化的创建背景

山东鲍店煤矿所属山东兖州煤业股份有限公司兖矿集团。截至2010年，建成投产23年来，始终高度重视安全工作，积极探索加强和改进安全生产的管理方式方法，特别重视安全文化建设，是一个年产量6 Mt、员工上万人的大型企业。截至2009年，创造了连续6年无重伤及以上事故的安全生产业绩。其中，建设安全文化所发挥的“人防”作用是主要的贡献因素之一。

20世纪90年代初，由鲍店矿创造的安全“全家福”牌板和职工自主保安六项权利在全国煤炭系统推广；职工群众编写的《煤矿安全三字经》得到了煤炭工业部领导的高度评价。特别是近年来，鲍矿坚持思想领先，把思想隐患作为安全最大的隐患，创新实施以大众传媒教育、“四期”宣教、文艺宣传、心理调适等为主要内容的“安全思想教育十二法”，积淀了深厚的安全文化底蕴。近年来，鲍店煤矿领导班子通过学习借鉴国内外先进企业的安全工作经验，深刻认识到，要想实现根本的安全，打造本质安全型矿井，最终的出路在于高层次的安全文化。因此，树立和落实以人为本的安全发展观，构建特色安全文化，提升全员安全意识，规范安全行为，塑造安全品格，变被动管理为自主管理，已成为提升矿井安全管理水平的迫切要求和必然选择。集团公司（兖矿集团）也就安全文化建设提出明确要求：积极创建以安全亲情教育理念为指导，以情感尊重、人文关怀为核心的安全文化管理体系，实现制度“刚性”规范和文化“柔性”引导的有机融合，促进安全管理的和谐，充分发挥文化管理的导向、激励、凝聚、规范功能。从 2007 年 4 月开始，鲍矿树立和落实科学发展观，以党的安全第一，预防为主，综合治理方针为指导，认真贯彻国家法律法规及上级安全工作指示精神，围绕集团公司的“将高危行业建成安全行业”目标要求，将“方圆”安全文化所蕴含的哲学辩证思想应用于矿井安全文化建设中，着手构筑符合实际、独具特色、科学完备的，以预防为核心的“方圆”安全文化体系。

二、坚持以人为本，突出预防为主，打造“方圆”安全文化

鲍店煤矿创建安全文化体系的做法如下所述。

1. 精心组织，系统推进，建塑了“方圆”安全文化形象

鲍店煤矿坚持以人为本，突出预防为主，研究制定了“方圆”安全文化建设实施方案，成立了以党政主要领导任组长，分管领导任副组长，有关单位部门为成员的安全文化建设领导小组，设立了办公室，建立了联席会议制度，明确了党委宣传科具体牵头负责安全文化建设的推进实施。与此同时，通过调查研究，分层次召开座谈会，下发调查问卷，征求意见建议等多种形式，对矿井近年来散乱的安全文化进行整合提炼，在继承优秀传

统文化，融合现代企业安全管理理念的基础上，突出预防为主，积极建设以方圆融通、安全永恒为核心的观念体系，以一举一动、规章至尊为核心的行为体系、以情理交融、刚柔相济为核心的管理体系，以设备零缺陷、环境零隐患为核心的物态体系，以标志明晰、令行禁止为核心的视觉体系的“方圆”安全文化。在“方圆”安全文化的构建过程中，以安全系统论、安全心理学、马斯洛需求层次理论、事故致因理论等为理论依据，借鉴吸收了“三为六预”、“兴隆鼎”、“阳光预控”等优秀安全文化的科学因素，总结升华了矿井长期以来，以及近几年的安全文化建设实践成果，是鲍矿全体广大干部职工智慧的结晶。“方圆”安全文化把矿井长期形成的深厚文化底蕴与安全管理实践相结合，着力追求自强不息、追求卓越的鲍矿精神和以人为本、生命至上的人文情怀。“方圆”安全文化的提出，符合安全文化建设的内在要求和鲍店煤矿的本土个性，得到了全矿广大干部职工的广泛认同，显示出了强大生命力。

2. 明确重点，狠抓关键，构建了富有特色的安全文化体系

以“方圆”安全文化形象为核心，从观念、行为、管理、物态、视觉等五个子体系，明确了安全文化建设的重点任务和要求。

（1）观念体系。确立了打造安全健康示范矿井的安全文化愿景，树立了方圆融通、安全永恒的安全文化核心理念，明确“方，是规矩，是框架、是制度，是安全之基础；圆，是圆融、是情理，是安全之必需”。还确立了安全价值观、教育观、亲情观、预防观、作业观、发展观，引导全矿干部职工树立正确的安全观，构筑安全生产的思想基础。

（2）行为体系。确立了一举一动、规章至尊的行为核心理念，重点抓了应知应会、行为训练、习惯养成、品格塑造等四个环节。以牢固树立安全思想理念为核心，以岗位需求为导向，建立了符合实际、强势导入、全面覆盖的安全思想教育体系，实施脱产、业余、准军事化封闭式安全轮训“三三”联动培训。强化行为训练，深入实施“脑想、眼看、手指、口述”安全作业

确认法，严格执行危险源辨识及解危规定、“三位一体”安全确认制度，严格执行遵守准军事化管理规范。狠抓习惯养成，坚持不懈强化养成训练，逐步树立对个人安全作业行为的正确评价和自觉意识，培养形成正确的安全思维习惯和良好的安全行为习惯。着力锻造优秀的安全品格，大力倡导“十荣十耻”安全工作荣辱观，构筑普遍认同的安全价值体系，改善干部职工安全心智模式，逐步实现个人和矿井的本质安全。

(3) 管理体系。管理体系的基本理念是情理交融、刚柔相济。制度无情，管理有情，鲍矿坚持用“情”教育人、感化人，柔性引导，以情切入，激发职工内心深处对生命的强烈热爱和对安全的强烈渴求；坚持用制度规范人、约束人，刚性约束，严格推行各项安全制度，有效地消除人和物的不安全状态，真正达到超前防控。

(4) 物态体系。物态文化的总要求是设备零缺陷、环境零隐患。设备零缺陷的核心思想是及时发现问题和杜绝带病运转；环境零隐患的核心思想是硬环境安全和软环境和谐。设备零缺陷、环境零隐患，体现了鲍矿对安全的认识和态度，反映了其安全管理的理念和哲学。

(5) 视觉体系。视觉体系的主体功能是标志明晰、令行禁止。主要是通过实施视觉教育和感化，指导、提醒、警醒职工安全生产，将管理的规定和要求具体化、形象化，使职工在长期的灌输教育中认知、接受，内化为珍惜生命、遵章守纪、安全生产的意识和行为。

三、深入宣贯“方圆”安全文化，为保持矿井安全形势总体稳定发挥效用

鲍店煤矿“方圆”安全文化构建并实施以来，有效提高了全矿职工安全生产意识，规范了作业行为，得到了干部职工的一致认可，为矿井安全发展提供了有力引领和坚强保证。

鲍店煤矿打造“方圆”安全文化的主要载体和成功模式如

下所述。

1. 狠抓理念宣贯

制定下发了《〈鲍店煤矿“方圆”安全文化手册〉宣贯实施意见》，举行该手册发放仪式，利用矿广播、电视、信息网三大媒体，以及休闲广场大屏、井口候罐室大屏幕等舆论工具，对安全文化愿景、核心理念、安全文化“六观”等内容滚动播出，扩大教育面，不断把宣贯工作引向深处。高标准建成井上下的安全文化长廊，组织全矿3000余名干部职工参观了安全文化长廊。拍摄制作了《方圆，擎起安全的天》专题片，发放至各基层区队、机关科室组织干部职工进行学习，有效提升了干部职工对“方圆”安全文化的认同感和接受度，基本做到了核心理念人人熟记、目的意义人人理解、主要内容人人知晓。

2. 实施“六个一”工程

“六个一”是指：编印一手册、一纲要、一指南，即《鲍店煤矿“方圆”安全文化手册》、《鲍店煤矿“方圆”安全文化建设发展纲要》、《鲍店煤矿区队安全文化建设指南》；建设一长廊、一条街、一园地，即鲍店煤矿“方圆”安全文化长廊、鲍店煤矿“方圆”安全文化一条街、区队安全文化建设园地。

《鲍店煤矿“方圆”安全文化手册》已先后于2005年和2009年先后编印和发布了第一、二版；安全文化长廊和安全文化一条街已于2009年建成；《鲍店煤矿“方圆”安全文化建设发展纲要》（中长期）和《鲍店煤矿区队安全文化建设指南》（基层落地工程）已于2010年初发布推行；区队安全文化建设园地在多年建设的基础上，新的设计和建设正在有序推进。

四、“方圆”安全文化成效显著，实现从高危行业到安全行业的根本转变

“方圆”安全文化在引领矿井安全发展中已经开始发挥重要

作用，使鲍矿安全生产保持持续稳定，安全生产业绩成效显著，百万吨煤事故率指标在国内同行业处于领先位置，达到了国际先进水平。

自创建安全文化体系以来，到2009年连续6年杜绝了重伤及以上人身事故，先后获得“全国煤炭工业特级安全高效矿井”、“山东煤矿安全程度评估6A级矿井”、“安全质量标准化一级矿井”、“‘双基’建设先进单位”、“‘一通三防’和防治水示范化矿井”等荣誉称号。

案例三　本质安全型安全文化体系

——大唐三门峡发电公司

近年来，大唐三门峡发电公司密切联系自身实际，不断深化以“三全四零”为核心的特色安全文化建设，将安全文化建设融入企业的全方位、全过程，形成了党政工团齐抓共管的大安全、大文化格局，为打造本质安全型企业，确保公司稳定的安全生产局面打下了坚实的基础。与此同时，公司不断进行观念创新和文化创新，建立完善了具有丰富内涵和鲜明特色的企业文化体系，营造了温馨和谐的企业氛围，实现了企业与员工的共同进步、和谐发展。

在深化安全文化建设方面，大唐三门峡发电公司的具体做法如下所述。

一、坚持以文化人，全力推进安全文化建设落地生根“发新芽”

公司领导班子从提升人员综合素质、夯实安全生产基础的高度进行深入思考和多次研讨，把安全文化作为公司企业文化体系的品牌，全面深化安全文化建设，努力打造本质安全型企业。公司借助多种载体，通过多种途径，引导员工从“要我安全”到“我要安全”，进而再从“我要安全”到“我会安全”，从而把安全文化渗透到员工的思想观念上，落实到员工的具体行动中。

（一）内化于心，从理念创新和渗透入手，充分发挥安全文化的影响力

公司党委通过多次研讨和征集员工意见达成共识，坚持从安全文化体系建设方面进行拓展和深化，在认真贯彻落实集团公司同心文化和先进安全管理理念的基础上，归纳整理了在安全生产方面多年积淀形成的经验做法，经过系统总结、提炼整合，确立了以“三全四零”为核心的安全文化理念，即全员、全方位、全过程和人员零违章、设备零缺陷、管理零漏洞、每天零起点；形成了“六三三二”的安全文化管理模式，即以平安、责任、超越、奉献、感恩、信仰六个主题词为核心的安全文化价值理念体系；打造人员、设备、环境三个方面的可靠性；培育安全制度、责任、执行三个文化，实现打造本质安全型人和创建本质安全型企业两个目标。通过宣传造势、情感沟通和特色活动，以相同的价值观念、思维模式、行为标准把广大干部员工凝聚起来。

1. 运用宣传造势

在生产现场设置的“安全为了您”等安全警示语和安全漫画随处可见；以平安、责任、超越、奉献、感恩、信仰等六个主题词为核心，精心制作了图文并茂、赏心悦目的安全文化长廊；在局域网的企业文化专栏里开辟“安全大家谈”、“班组天地”、“文学园地”等栏目。在部门和班组的干部员工工位上，设计制作了“安全文化小天地”，将员工全家福和亲人的安全嘱托精心布置，父母的安全忠告、妻子的安全企盼、孩子们的安全祝福，表达了家人对亲人的关爱和大家对安全的美好祝愿。走廊、楼道内的宣传挂图上阐释的安全木桶原理、安全堤坝原理、安全链条原理和斜坡滚球原理等，起到了随时提醒的警示作用，使员工在潜移默化中增强了对安全理念的认知，受到了安全文化的熏陶和启迪。

2. 加强情感沟通

公司利用网络、大屏幕、广播、宣传栏等载体进行全天候的

温馨提示，使员工感受到了企业的浓情关爱。上下班路上的温馨提示、广播里亲切的问候系紧了企业与员工的感情纽带。与此同时，公司在安全文化建设中打出“亲情牌”，通过离退休老工人以个人经验教训“现身说教讲安全”、受伤人员“亲身经历话安全”、父母为儿女“遵章守纪嘱咐安全”、妻子对丈夫“为温馨家庭保安全”等各种亲情教育活动全年不断线，以殷殷父母心、依依夫妻爱、拳拳儿女情筑牢了安全文化的情感防线。

3. 丰富活动载体

公司每年确立一个安全文化建设主题，明确活动的重点和措施途径，有节奏、有步骤、有规律、有创新地一步步抓好落实，使安全文化活动整体有规划、年年有主题，步步深入，强势推进。通过安全漫画征集、安全演讲、“青春杯”安全生产知识竞赛、安全家书征文、安全辩论赛、安全谜语竞猜、安全对联征集等多种形式的特色活动，使员工在寓教于乐中积极参与，受到了教育和启发，成为安全文化建设的有益补充；以典型案例为重点，发现、挖掘实践安全文化理念的优秀员工行为，加以总结提炼并广泛传播，以故事的形式表达企业文化的导向。公司编印了《安全文化故事集》、《安全文化价值体系图册》、《安全警语手册》等，得到了员工的广泛认可和好评。

（二）外化于行，从建立健全安全管理机制和制度入手，充分发挥安全文化的导向力

安全管理制度体系是企业安全文化的重要组成部分，是企业安全管理思想和管理理念的结晶。着力加强安全生产管理的制度建设，通过科学明确的规章制度、监督机制、绩效评价体系和员工激励机制调动广大员工积极性，将安全文化的要求渗透到制度中，落实到员工的行为上，充分发挥了安全文化的导向力。

1. 健全规章制度，形成了科学有效的安全制度文化

公司始终坚持从实践中总结提炼安全管理经验，每年年底组织生产技术骨干讨论修订，使安全机制始终保持旺盛的生命力和认同度。一是确保制度融入的柔性。在制定安全管理制度过程

中，积极与一线员工进行讨论和沟通，广泛吸纳意见和建议，从而使员工自身的安全要求与企业的安全生产目标结合起来。二是确保制度执行的刚性。以规章制度确保管理过程的可监督、可控制，在制度执行过程中对违章行为毫不姑息、从严查处，确保制度“言必信，行必果”。

2. 管理关口前移，形成了监管有力的安全责任文化

公司从人员管理、设备管理和作业环境治理三个方面入手，建立了全员安全责任体系和责任追究体系。在人员管理方面，以班组为单位实施“四个一”安全文化素质提高工程，即每天学一道安全业务题，每周上一次安全业务讲座课，每月组织一次业务理论知识和操作技能考试，每季开展一次练功比武活动。通过安全理念宣贯晓之以理、动之以情，引导员工由“要我安全”向“我要安全”转变；通过技术培训和安全培训提升员工技术素质和安全素养，由“我要安全”向“我会安全”转变。在设备管理方面，公司采用 MIS 系统中的任务管理流程和缺陷管理流程，对设备缺陷实现闭环管理；对影响机组安全稳定运行的疑难问题和隐患建档立案，组织技术人员开展课题攻关，并按照“五确认一兑现”的原则实施闭环管理和考核，确保了设备健康水平的进一步提升；目前，供电煤耗和厂用电率等技术经济指标均处于历史最好水平。在作业环境治理方面，结合安全设施标准化和“6S”管理有关要求，对生产现场区域的楼梯、孔洞盖板、吊装孔、地面管道等区域绘制了防止踏空线、防止阻塞线、防止绊倒线、防止碰头线等各种警示线，对现场仪表的上下限和正常运行区间用不同色带进行标识，确保安全警示牌、管道介质流向、色环标志清晰明确，通道界线醒目规范，创造出有利于人员安全作业的良好环境。

3. 实现管理闭环，形成了可控在控的安全执行文化

在认真执行上级关于安全管理要求的基础上，具体做了如下工作。

（1）逐步建立内部管理环。运用计算机网络技术，将各级

管理人员、安全监督人员、技术监控人员等进行闭环链接，实现标准化检修、全面“6S”管理、缺陷管理、重大危险源管理、经验反馈、“两票三制”等工作的闭环管理，确保各项工作善始善终，做到设备状态和运行状况尽在掌握之中，人员作业行为尽在规范之列。

（2）搭建内部责任环。在尊重、信任和发掘人才的基础上，强调责任、高效和及时响应，建立了各负其责的运行管理体系、设备管理体系、安全监督体系和检修管理体系。推行了安全生产经验反馈系统，建立了问题发现机制。利用 MIS 网在异常分析流程中实现各级人员的上下互动，即责任人及时分析，相关人员吸取经验教训，严肃责任追究，严格奖惩考核，实现设备、人员在安全生产管理上的可控、在控。

（3）搭建和拓宽外部责任环。吸取其他单位的事故教训，实行新“四不放过”原则，把别人的事故当作自己的事故一样认真分析，把他人“亡羊”的教训，变成自己“补牢”的行动，培养忧患意识和开放思维，做到未雨绸缪、预防在先，扎牢企业自身安全的“篱笆”，避免重蹈别人的覆辙，从根本上杜绝“先事故后现象”的发生。

3 年来，公司将安全文化建设融入到企业的全方位、全过程，形成了党政工团齐抓共管的大安全、大文化格局，为打造本质安全型企业，确保公司稳定的安全生产局面打下了坚实的基础。大唐三门峡发电公司在中国大唐集团公司安全性评价复查中获得了 91.3 分的优秀成绩，位列河南分公司系统第一位。

二、立足实际，突出重点，营造积极向上、温馨和谐的文化氛围

在深化安全文化体系建设的基础上，公司结合实际，大胆进行了文化创新和理念创新，搭建并不断完善了以同心文化为根、以和谐文化为主干、涵盖多种子文化的具有丰富内涵、鲜明特色的企业文化体系。与此同时，公司以先进理念培育企业精神，以

文化引导推进理念渗透，以文化互动营造和谐氛围，为公司的和谐发展奠定了良好的文化基础。

1. 以先进理念培育企业精神

通过广泛征求员工意见、组织专家评审和党委扩大会审定，提炼出了制度管事、文化育人、注重创新、赢在执行的管理理念，人人肩上有责任、各个环节出效益的经营理念，“三全四零”的安全文化理念，技能靠学习、收入靠贡献、岗位靠竞争的学习文化理念，我爱我家的家文化理念，以廉为荣、以贪为耻的廉洁文化理念，清洁生产、和谐发展的绿色文化理念，快乐工作、健康生活的快乐文化理念，天道酬勤、厚德载物的道德文化理念，并确定了各个子文化的口号。教育员工既要继承弘扬艰苦奋斗的创业精神，更要增强发展意识、竞争意识和责任意识，树立正确的价值观，并贯穿到企业生产经营活动中，成为激励广大员工立足岗位，为企业发展贡献力量的强大精神动力。

2. 以文化引导推进理念渗透

利用展板、标语、画册、宣传彩页等形式，向员工推广宣传企业文化理念，在厂区内开辟了“文化大道”，在公司网站中设置了企业文化专栏，宣贯企业文化理念，宣传部门、班组的文化建设动态；通过图片、漫画、标语、故事等形式，感染和熏陶全体员工，形成了有利于企业发展的良好文化氛围。同时，公司先后组织了“三八”妇女节健身系列活动、迎五一全民健身月活动、员工秋冬季百日健步走活动和足球、篮球、羽毛球、乒乓球、自行车和游泳比赛等活动，积极倡导每天锻炼一小时，快乐工作一整天，幸福生活一辈子的理念；通过开展青年辩论赛、奥运知识竞赛、国庆节合唱比赛及春节征联比赛及诗歌朗诵赛等内容丰富、形式多样的特色文化活动，引导员工形成朝气蓬勃、乐观向上的良好心态，为公司完成各项目标任务凝气聚力。

3. 以文化互动营造和谐氛围

公司积极搭建与员工之间畅通的沟通途径，时刻关注员工在工作和生活中存在的困难和问题，努力做到在决策中注重民意，在管理中吸纳民智，在监督上实行民主，在发展中依靠民力，为员工队伍解除后顾之忧，充分体现了企业对员工的人文关怀。公司通过开展企业文化宣传周、召开企业文化座谈会、企业口号征集、企业文化小故事征集等活动，促进员工对企业文化进行思索，积极主动对企业文化建设提出好的意见和建议。同时，公司始终坚持以人为本、构建和谐的原则，把提升员工的思想道德品质、科学文化素养和专业技能，促进员工的发展进步，作为一项长期的战略任务，为员工实现个人价值提供了良好的发展机会和平台，许多进入企业不超过5年的青年员工纷纷走上了主管、班长、机组长等重要岗位，成为公司生产经营的骨干力量。员工进一步增强了对企业文化的认同感，企业文化的凝聚力和影响力都得到了很大的提升。

案例四　加强安全文化建设　提高本质安全水平

——聊城交通汽运集团有限责任公司

聊城交运集团有限责任公司是聊城市唯一一家大型道路运输企业、交通运输部重点联系企业、国家客货运输双一级企业。自2007年创建安全文化建设以来，进一步加快了企业安全管理的现代化、科学化进程，提升了企业安全管理水平，增强了安全生产的保障能力，使企业经济效益明显增强，企业信誉、形象显著提高，取得了良好的经济效益和社会效益，安全四项指数逐年下降。主要做法如下所述。

一、统一思想，提高认识，增强安全文化建设的责任感

安全文化建设体现了以人为本的理念，加强企业安全文化建设是企业安全生产管理向更高层次发展的需要，对于建设和谐企业和和谐社会具有重要的意义。因此，公司提出了决不以牺牲安全为代价换取经济效益；安全第一、生产第二，安全第一、利润第二，安全第一、其他管理工作第二的安全理念，制定了建设更

强大、更文明、更富裕、更和谐的百年好运的远景目标。

在强化安全文化建设过程中，公司超越传统安全监督管理的局限，通过提高各级安全管理人员的安全文化素养，用安全文化去塑造每一位员工，从内心认同企业安全文化价值观，激发员工关注安全、关爱生命的本能意识，逐步实现本质安全，从而统一了干部职工对安全工作的思想认识，增强了做好安全工作的责任感和紧迫感。

二、多措并举，加强宣传，营造安全文化氛围

1. 强化安全教育培训

公司每年制定专项安全培训计划，对基层一把手、分管领导和安全员由安监部门进行集中培训；对各科室、班组的从业人员由公司内部开展定期和不定期培训。培训过程中，采用培训、教育与开展安全活动相结合的方式，代替形式单一，枯燥乏味、教育效果不理想的老套路，使安全生产的法律法规、规章制度及操作规程落到实处，把安全文化的理念灌输到每位员工的大脑之中。公司将企业安全文化建设贯穿于企业生产经营管理工作之中，注重用安全文化的理念和文化的功能去统一员工的安全意识；用正确的安全价值观去引导、激励员工的安全行为；用科学的思维方法去完善安全作业程序。公司严格落实持证上岗制度，未经培训合格的人员，一律不准上岗。

2. 不断探索喜闻乐见的安全生产宣传模式

公司通过参与开展全国安全生产月、集团公司安全警示月、百日安全生产竞赛、安全文明行车遵章守纪月等安全生产相关活动，宣传企业安全文化，在春运、“两会”、“黄金周”、“小长假”等重点时段，公司也有针对性地开展了一系列保安全、促发展的文化宣传活动。在各项活动中通过设立安全文化橱窗、展板，制作幻灯片，组织职工安全书画展，召开驾驶员家属座谈会，以及在公司外部网站和网络 OA 办公系统上设立安全专栏发布安全信息、法律法规、事故警示、榜样事迹、行车安全知识、

实践经验等，不断渗透安全文化建设理念，使员工的遵章守纪意识、参与安全管理意识和安全防范意识明显增强，安全执行力大大提高，营造出了人人想安全、人人要安全、人人抓安全的浓厚的安全氛围。

三、健全保障体系，夯实安全文化基础

安全文化建设是一项长期的系统工程，需要有扎实有效的人力、物力、财力等保障体系。公司坚持双管齐下，一手抓软件建设，一手抓硬件改造，努力形成安全管理的合力，构建起一张强有力的企业安全文化建设保障网。具体内容如下所述。

1. 加强组织领导，明确安全责任

公司成立安全生产委员会，各基层单位成立安全生产领导小组，各科室、班组设立兼职安全员，从上到下形成了企业三级安全组织网络。按照一岗双责的要求，公司各级人员逐级细化分解安全责任，层层签订安全生产责任状，责任到岗到人，形成了安全生产人人肩上有担子，人人身上有责任的局面。同时公司设立了安全总监，各基层单位设立了安全监理，负责对企业的安全管理过程进行全面监督。

2. 严格考核奖惩，确保责任落实

公司制定了《安全生产奖惩条例》、《安全管理评价标准》等制度。按照“四不放过”的原则，实行安全生产责任追究制，发生事故一律倒查责任，从严从重处理；实行安全一票否决制，凡年度内安全出现问题的单位，一律取消评先树优资格；对出现重大责任事故的基层领导，除经济处罚外，还予以黄牌警告，严重的则予以免职；将安全奖励与员工切身利益挂钩，设立了安全季度奖、安全年度奖、安全活动奖等，2007 年、2008 年、2009 年分别发放安全奖金 51．6 万元、55．9 万元、57．5 万元。

3. 加大资金投入，改善设备设施

近年来，公司合计投资 1100 多万元用于安全设备设施的更新和改造。公司为所属全部客车、城市出租车、危化品运输车和

部分货运车辆安装了GPS卫星定位系统，安装行车记录仪2000多台套；为车站配备了安检仪11台、场地监控设备16套，便捷式金属探测仪45套；为部分车辆安装车内视频监控设备；为强化危货车辆应急能力和应急处置条件，企业投资20余万元，购买了防化服、隔热服、呼吸器、防毒面具等危化防护用品及应急施救器材，以便应急处置。

四、推动管理创新，丰富安全文化内涵

1. 创新科技手段，提高安全管理信息化水平

（1）公司自主开发应用了车辆智能安全管理系统。各分公司、车站依靠信息化手段严把车辆、驾驶员安全检验关，全部信息和程序通过IC卡依次记录和传递，缺少任何一个环节或任何一个关口不符合要求，客车就无法正常报班、发车、离站。

（2）改进出租车智能卡管理。利用智能卡指纹考勤，要求出租车驾驶员每周到公司接受一次安全教育和车辆技术状况、车容车貌检查。

（3）改进管理实现，“三不进站、五不出站”。对安检仪进行人性化改造并实行“一机三工位”制度（每台安监仪的安全检查责任分解落实到三名职工），确保“三品”不进站；在检票口安装了“三棍闸”旅客自助智能化检票系统，确保无关人员不进站；在车辆进出站口安装了道闸刷卡系统，确保无关车辆不进站和超载、安全例检不合格、驾驶员资格不合要求、证件不全、出站登记表未审核的客车不出站。

（4）拓展GPS视频监控功能。实现了对客货车驾驶员操作、车内情况、运行环境的动态视频实时监控，现正在试用中。

2. 实施流程再造，推动安全基础工作上台阶

为促进安全管理工作系统化、标准化，公司对原安全管理流程实施了再造。将分公司对车辆和驾驶员的管理流程重新设置为车辆安全检查合格—安全生产调度中心对驾驶员进行“三检三看一叮嘱”，即面部识别检查—亲情签字检查—酒精测试检查—

看天气预报—看违纪违章公示—看奖惩反馈—进行安全叮嘱—调度员下达派车派人指令。对汽车站旅客进出站流程突出了“两关一分流”，即旅客进站先过“三品”检查关—购票后再过“三棍闸”自助智能化检票关—旅客在下客区下车后直接分流到旅客出站长廊出站，避免了人流、车流交叉。对车辆进出汽车站设计了“三刷三线一核对”，即刷卡进站，刷卡报班，刷卡出站；进站单行线，出站单行线，待发车辆分行线；车辆在出站口接受核对，主要核对车内是否超员，车辆例检是否合格，驾驶员资质是否符合要求，证件是否齐全，登记表是否签字。

3. 创新管理制度，提高安全人本化管理水平

（1）公司推行了《客运线路安全运行指导书》，并配合出台了《线路危险源标志图》。《客运线路安全运行指导书》的编制及应用获得“第七届山东省企业经营管理创新成果奖”。同时，公司又举一反三，对汽车站、货车出入库检验等推行了安全作业指导书制度。

（2）实施行车日记制度，以日记的形式提示驾驶员时刻保持规范安全驾车行为，加强对车辆运行的掌握和控制。同时在行车日记中增加了“亲情签字”，在安全管理上与驾驶员家庭形成互动，由家属对驾驶员 8 小时外的有关行为（包括饮食、休息、健康等情况）进行监督。

（3）实行“早送晚迎”制度。每天由公司领导干部带班和安全管理人员轮流值班，从清晨第一班客车开始，发车前逐一对驾驶人进行安全提示和叮嘱；晚上无论多晚也要迎回最后一班车，了解驾驶员安全运行及身体情况。

（4）探索实行危货责任分工，包车到人制度。把所有危货车辆落实责任到人，并做到月度有检查、有考核、有奖惩。

（5）强化预防，增强安全主动防范意识。公司提出了企业安全生产的双主体，双负责要求，即企业法人代表是安全生产的责任主体，对企业安全生产全面负责，营运车驾驶人作为自然人是安全行车的责任主体，对单车安全生产具体负责；为确保旅客

乘车安全，制作了旅客乘车安全须知宣传片，在车辆发车后及时播放；针对成品油税费改革后货车安全教育难的问题，积极探索普货“221”安全教育模式，即每月给驾驶员发送2条安全教育短信，对经营者进行2次电话安全教育和1次见面安全教育。并与驾驶员、安全员细算三笔账，将心比心，算好良心账、经济账、家庭账，变被动的“要我安全”为主动的“我要安全”。

案例五　完善安全文化建设体系打造阳光安全管理品牌

——日照港集团有限公司

安全促进和谐，文化提升品质。安全文化是企业实现本质安全的基石，多年来，日照港集团有限公司一直把加强企业文化建设作为提升企业核心竞争力、引领企业发展的根本，坚持以科学发展观为指导，以打造最阳光的平安福港为安全愿景，以安全是最阳光的事业为核心理念，逐步完善了安全理念、安全行为、安全视觉、安全品牌等四大安全识别系统，实现安全文化的内化于心、外化于形、践化于行、形化于品的战略引导，依托港口企业文化，完善了港口阳光安全文化体系，初步形成了独具特色的阳光安全文化，与日照市的“阳光海岸”、日照港的“阳光港口”相得益彰，共塑“日出初光先照”的阳光地域文化。

一、建设理念文化，让理念内化于心

1. 加强宣贯，让理念内化于心

安全理念入脑入心，才能切实激励、引导员工安全行为，提高自我安全意识，让安全真正转化为自觉性行动。理念的认同和接受需要循序渐进的过程，因此需要持续加强理念的宣贯工作。具体内容如下所述。

（1）完善制度，抓好全员安全教育。日照港集团有限公司

建立了集团、公司、站队三个层面的安全教育制度，明确各层级安全教育的责任，对管理人员、新员工（调岗、复岗人员）、特种作业人员的培训内容及要求，都逐级作了明确规定，特别是严格新员工岗前安全教育，不合格不上岗已成为一种习惯。同时认真组织好季节性案例警示专题安全培训教育，各级安全教育做到制度化、规范化。为加强特种作业人员的管理、提高安全教育质量，集团公司还成立了特种作业人员培训基地，并取得了三级安全培训和特种作业人员培训资质。在此基础上加强基层站队和班组安全教育硬件设施建设，如配置电视机、DVD 等教育设施，普及电化教育，提高安全教育质量，改进培训效果。

（2）扩大宣传载体和宣传渠道，营造安全文化宣传氛围。集团公司十分重视安全理念的培育和宣传，利用港口电视、港口杂志、宣传栏、黑板报等媒体，组织开展了一系列宣传学习、座谈交流等活动，在全港掀起学习理念、践行理念热潮，充分发挥安全理念的正确导向作用，先后组织开展了安全在我心中安全演讲比赛、理念在我心中主题有奖征文、理念签名、安全漫画征集等安全理念教育活动，每年突出一个活动主题。2010 年，集团公司又重新编印《安全文化手册》，组织开展阳光安全文化体系学习宣贯活动，并组织了以“阳光安全保障幸福”为主题的安全文化演进活动，让员工了解、认知安全理念。另外，每年通过开展安全生产月、安康杯竞赛、安全创新杯竞赛、百日安全无事故、安全警示日等活动，不断提高员工的安全意识，通过理念引导来规范员工安全行为，实现由“要我安全”到“我要安全、我会安全、我能安全”的转变，营造良好的安全文化舆论氛围。

2. 理念引领、亲情管理

注重亲情感化，在强化刚性制度管理的同时，更注重柔性亲情教育，实现刚性管理与柔性导向的和谐统一。近年来，集团公司把以人为本作为安全发展的核心，高度注重人性化管理，围绕员工生活难点、热点问题，解员工所需，想员工所想，打造文明候工环境，关爱员工身心健康，真正做到以人为本、以文化人。如各基层单位在班组候工室的更衣柜上，悬挂员工全家福照片和亲人的安全寄语，让亲情安全文化耳濡目染，提高员工对家庭和工作的责任感。同时，注重发挥家属的亲情作用，通过开展家属座谈会、致家属慰问信、为员工送生日蛋糕、对困难员工补助家访等亲情关爱活动，形成了视觉冲击、感性认识、思想转变、行为引导、安全生产的亲情文化链。在关注员工身心健康方面，集团公司每年组织员工健康体检、发放夏季防暑降温用品、为特殊岗位人员发放保健食品、节假日发放生活福利，这些措施让员工感受到作为港口人的自豪。另外，为充实员工精神生活，各基层单位还配备了阅览室、健身室，设置班组安全活动室、配备图书架，每年组织开展运动会、乒乓球、篮球、体操比赛等文体活动，让员工工作之余得到身心的放松，也增强了团队协作意识。

二、建设视觉文化，让安全外化于形

视觉文化也是安全文化的重要内容，为员工营造温馨舒适的生产生活环境，营造良好的安全环境氛围，既体现了对员工身心的关爱，又起到了较好的宣传影响作用，实现“人造环境，环境育人”。

1. 实施工装色彩管理

2006 年，集团公司在原工装色彩管理的基础上，对全港原有的工作服款式、颜色、分类、标准进行了统一改进和调整。在管理人员、操作人员及危化品操作人员中分别实行蓝色、绿色和橘红色为主要色调的工作服，工装醒目时尚，既起到了很好的保护、警示作用，又展示了日照港人良好的形象。

2. 多渠道的传播载体

在利用港口电视、港口信息网等网络媒体的基础上，发挥港口杂志、港口动态等内部刊物的作用，加大安全文化的宣传力度，并在各办公区域设置安全宣传栏，在班组候工室张贴安全宣传画、提示牌、亲情寄语，让员工在每一处都能感知到关注安全、注意安全的浓厚安全文化氛围。2010 年，结合安全文化建设工作，对全港的安全宣传栏、安全警示标识、安全宣传用语等进行了重新规划设计，对安全会议专用席签、安全档案、安全汇报材料、PPT 等进行了统一规范，同时着手进行安全文化长廊的建设和规划，形成有日照港特色的视觉识别系统。

3. 统一规范的安全标识

近两年，集团公司按照合理适当、醒目必要、标准规范的原则，设计了《阳光安全文化环境氛围建设标准》，对入港大门、重点部位、各作业场所标语、标志牌进行了重新筹划，在港口门机行走台车、防撞装置等移动部位喷涂黄黑相间的警告色，码头前沿、隔离墩采用红白相间颜色等。同时，在港区范围内，合理规范设置了道路指示牌、限速标志、震荡标线、信号灯等道路交通标志。

三、建设行为文化，让文化践化于行

行为养成习惯，习惯形成品质，良好的安全行为体现在各个层面上。制度的完善、决策层对安全文化的引领、管理层的各负其责、操作层的标准严格作业等都是践行安全文化的具体体现。

1. 固化于制，以刚性约束规范行为

没有规矩，不成方圆。自 2008 年以来，集团公司将修改基层站队及公司安全管理制度，纳入年度安全重点工作，结合安全文化建设工作要求，自上而下开展安全制度的梳理工作，突出各个层面的管理重点（如站队以安全生产责任制、安全教育、安全检查等六项基本制度为主体），系统完善了集团、公司、站队三个层面的安全管理制度。并在原《安全生产一般规定》基础上，重新修订了《员工安全行为规范》以进一步规范全港员工日常行为。按照阳光安全文化规划要求，对集团公司安全管理制度以及通用岗位工种的安全操作规程，进行修订、汇编，并按统一格式编印那些不断完善的管理制度与操作规程体系，使各项工作循有所规、做有所依。

2. 践化于行，切实发挥行为规范的作用

知行合一，安全共享。在实际工作中，集团公司注重发挥各级人员的安全行为要求。在决策层贯彻“四个引领”：一是引领安全战略，在总体发展战略和长远规划中，突出安全生产内容；二是引领安全文化，把安全文化建设纳入阳光文化建设重要组成部分，引领、践行安全文化；三是引领安全管理人才，实施人才战略，打造专业化的专职安监队伍；四是引领安全执行力，定期召开安全会议，研究部署安全工作，组织参与安全检查，督导隐患整改和治理工作，身先士卒，强化各级执行力。管理层各司其职，实行安全管理归口负责制，党政工团齐抓共管。党委工作部加强安全文化宣传力度，努力营造良好的安全氛围；各职能部门按照职责抓好专业安全管理，定期开展专业方面的安全会议、检查和培训；工会定期组织职工代表巡视及合理化建议活动，保证员工参与安全管理，团委在积极协助有关部门搞好安全活动的同时，一直在青工系统中坚持开展青年示范岗、岗位练兵等活动，并取得了很好的效果。在操作层中推行“上标准岗、干标准活、交标准班”的标准化作业活动，严格作业用语标准化、指挥动作标准化，如港口装卸指挥手势标准化，调车作业标准化用语等。

四、建设品牌文化，让管理形化于品

按照集团公司实施名港战略，加强企业品牌建设的战略要求，在全面总结和系统提炼安全管理特色的基础上，依托日照港企业品牌，确立了建设阳光安全专业品牌的工作目标，并在不断完善和成熟。

（一）打造阳光安全品牌

“阳光安全”源自于集团公司阳光文化的内涵，体现了传载真诚，追求卓越，共享阳光的核心价值观念，表达了对平安港口、幸福生活的追求。

阳光安全管理品牌以完整的管理要素，系统化的理念体系，科学的管理方法，坚定的管理原则，正确的管理思路，挑战性的安全目标，彰显了集团公司阳光安全管理精神和管理风格。经过探索与实践，把多年来潜在形成且具有港口特点的安全管理举措和经验，提升到文化管理的高度加以定位，形成员工易于接受的管理理念和模式，通过倡导安全理念，完善管理机制，培育管理样板，实施信息化科技等举措，逐步形成了独具特色阳光安全管理品牌。

（二）完善了“43210”阳光安全管理模式

日照港集团有限公司在多年的实践基础上，坚持与时俱进，科学发展，将传统的管理模式和先进的运行机制相结合，逐步形成以人为本管理为中心，以规章制度为基础，以自我约束为主体，以科技和管理方式现代化为手段，以完善的管理机制为保障的适合日照港特点的“43210”阳光安全管理模式。

1. “4”是推行集团、公司、站队、班组四级管理模式

四级管理模式是集团按照现代企业组织结构扁平化的发展趋势和设计原则，创新管理模式，丰富管理内涵，实现管理重心下移，提高管理效能的举措。即集团公司是决策指导层、公司是监督推动层、站队是管理层、班组是执行层。各层定位明确，职责清晰，关系理顺，形成决策正确，监督有力，管理严格，执行到位的阳光安全管理模式。

2. “3”是完善三项安全管理机制

（1）完善安全监督机制，建立以专业监督为主，多种督查并行的全员监督机制。

（2）完善创新机制。建立以科技创新为重点，以开展创新竞赛活动为促进手段的安全创新机制，不断推出创新成果，提高安全管理绩效。集团公司劳动竞赛委员会每年牵头组织以安全创新为主要内容的“五创新”竞赛活动，为安全创新工作搭建平台，使科技创新、管理创新每年都有新的成果。

（3）完善安全激励机制。建立以精神激励为主，经济激励、

业务培训等多种方式为辅的激励机制，调动全员安全积极性和主动性。

3. “2”是坚持两个原则不动摇

（1）坚持管生产必须管安全的基本原则不动摇。各级生产组织管理人员认真贯彻落实安全第一、不安全不生产的思想，始终把安全放在第一位，特别在生产和安全发生矛盾的时候，首先解决安全问题，坚决做到不安全不生产。

（2）坚持“一岗双责”和“谁主管谁负责”的安全责任制不动摇。在履行安全职责方面，不断强化安全生产，人人有责的思想意识，改变安全工作只是安全部门的事的片面认识，达成了管理层之间的安全管理行为公约，党政工团各有其责，各级认真落实全员安全责任制，形成了党政工团齐抓共管的安全管理格局。

4. “1”是抓住一条主线不放松

抓住一条主线，即抓住站队“双基”安全工作的主线不放松。

5. “0”是三零目标

“三零”即零事故、零伤害、零损失。用挑战性的安全目标，激励、鼓舞全港员工，增强信心，用心管理，以科学的态度和扎实的工作作风，赢得卓越的安全绩效。

1）培育样本推进安全管理的规范化

近年来，集团公司大力开展管理效益年活动，通过实施管理创新战略，培育并推行安全精细化管理、安全单项管理样板、站队安全基础管理达标等管理措施，形成了系列管理特色。具体内容如下所述。

（1）装卸起重作业“三三制”。“三三制”是在长期装卸作业中总结出预防起重伤害事故的一种有效吊装作业方法，指装卸起重作业时作业人员须离钩 3 米、货关离地 30 厘米、稳钩 30 秒，成功解决了由于人机配合、作业环节衔接不到位而可能引发的事故，目前在全港装卸起重作业中已广泛采用，有效地预防了装卸起重伤害事故的发生。

（2）一日安全工作法。一日安全工作法是在电力运行中总结的成功经验，是班组对一个工作日内的各个作业环节进行细化，明确班前准备、班前会、班前预想、作业前准备、作业标准、班后总结、交接班等各个环节的工作内容和工作标准，确保每个环节的安全控制措施落实到位，实现了班组作业全过程安全控制。

（3）安全单项管理样板。经过几年的培育，在安全检查、安全教育、现场管理、隐患管理等安全管理的重点、难点，培育出了公司层月度安全检查、三级安全教育、班组现场安全管理、隐患闭环管理、三全工作法、工程安全监理等单项安全管理工作样板，并在集团内广泛进行推广，以点带面，促进各项安全管理工作。下面将对各样板作简单介绍：

①公司层月度安全检查样板是建安公司针对安全检查的薄弱环节，不断完善安全检查体系，包括标准、计划、流程的制定和专业化、高素质的检查组织，保证了安全检查质量，同时对检查结果运用图标分析系统、专项闭环整改系统、隐患曝光、亮点推广以及 PPT 等形式的月度分析，使月度安全检查科学、实效。

②三级安全教育样板是铁运公司按照细化标准流程，严格程序控制，实行责任考核，确保培训质量的原则，将培训过程分为拟定计划，组织培训，复习考核，建档立案等实施阶段，通过完善制度，规范培训内容，创新培训方式，完善考核方式，不断提高培训质量，逐步形成一套较为成熟的做法，确保了三级安全教育培训工作的有效落实。

③班组现场安全管理样板是三公司设备一队门机丁班针对人员、生产作业特点，现场安全控制管理中存在的难点和优势，从规范人的行为，强化设备安全检查，创新安全作业方法、强化现场作业配合等入手，保证了作业现场得到有效控制。

④隐患闭环管理样板是动力公司针对隐患控制管理普遍存在

的问题不足，从事故隐患界定、隐患分类、等级划分、责任落实、管理程序、定期分析等入手，规范隐患管理工作，使隐患管理的每个环节都有章可循，管理程序更加严密，实现了从预防事故向预防隐患的转变。

⑤“三全”工作法样板是轮驳公司结合船舶工作实际，将与船舶作业有关的工作划分为92个作业环节实施“三全”管理（全员、全过程、全方位）控制。每个环节从相关人员、危险因素、注意事项、安全措施、规范的行为和操作以及应急处理六个步骤进行细化，使员工掌握每个环节可能存在的危险因素、如何进行规范的操作、如何进行应急处理等。

⑥工程安全监理样板是监理公司针对工程监理中存在的难点，在推广月度安全检查、隐患管理样板经验的基础上，通过对监理过程进行细化、明确措施、重点等，实现对工程从设计、施工等各环节的有效控制。

2）信息化管理手段提高安全管理效率

按照日照港集团有限公司信息化建设规划，不断加强安全管理信息化建设，结合港口实际开发了阳光安全信息平台，实现安全管理信息共享。

3）风险分析强化重点部门安全掌控能力

结合隐患管理信息系统，应用风险控制理论和危险源辨识评价等方法，组织开展风险控制点的课题研究工作，加强风险点的安全控制。

案例六　精心组织　分步实施　创建安全文化建设

——北京新风机械厂

通过对近年来企业安全文化工作的总结提炼，企业安全文化氛围进一步加强，劳动保护工作水平不断提高，安全生产状况不断改善，安全管理工作跃上了一个新台阶，取得了预期效果。具体做法如下所述。

一、周密策划分步实施

为开展好安全文化建设示范企业创建工作，厂成立了安全文化建设示范企业创建认证领导小组，把安全文化建设示范企业创建工作充分地融入到企业的各项工作中去，落实安全职业，履行安全义务，做好安全工作，充分发挥“以我为主、为我安全”的企业安全文化理念，制定了《安全文化建设示范企业创建实施工作计划》，并下发至厂属各单位，用于指导安全文化建设示范企业创建的复评验收工作，将安全文化建设示范企业创建复评验收工作分为五个阶段开展，分别为策划筹备、标准宣贯、部门自评、全厂自评以及复评阶段，并针对每一阶段都制定了详细的工作要求，对工作内容、时间节点、责任单位及责任人进行了细化，便于指导各阶段的工作，同时为安全文化建设示范企业创建工作的质量和进度提供了检查和考核的依据。

二、精心组织，狠抓落实，推动安全文化建设示范企业创建工作顺利开展

工作组成立、计划制定以后，关键是工作的组织和计划的落实。为此，可以从以下几个方面组织开展工作。

（1）开展安全文化建设示范企业创建标准的宣贯工作，首先组织了两级干部的安全文化建设示范企业创建标准的宣贯，其次由技安管理处到每个生产班组有针对性地开展班组的安全文化建设示范企业创建标准的宣贯，最后由班组长在组织开展安全标准化标准的实施过程中，结合出现的问题和实物进行对标准的讲解。通过广泛的宣传教育，使广大职工更加深刻地领会标准的含义和要求，安全技能和意识水平得到了进一步的提升，现场的本质安全度得到了加强，职工逐步树立起牢固的安全防护意识，这是安全生产工作的基础。

（2）编制修订安全生产管理制度，完善职业健康安全管理体系。根据安全文化建设示范企业创建标准，结合厂建立的职业

健康安全管理体系以及综合管理体系，开展了相应文件的修订工作，补充完善了32个文件，使得各类文件更加符合标准的要求，更加有效地指导安全生产工作。

(3) 成立安全文化建设示范企业创建工作指挥系统，统筹安排安全文化建设示范企业创建工作。为了明确职责，厂采取三级管理体制，成立了厂安全文化建设示范企业创建领导小组、厂安全文化建设示范企业创建工作小组及四个生产车间的基层单位安全文化建设示范企业创建小组。厂安全文化建设示范企业创建领导小组负责审定安全文化建设示范企业创建工作的工作目标，审查和监督安全文化建设示范企业创建工作计划的实施，审定奖惩经费方案。厂安全文化建设示范企业创建工作组是厂安全文化建设示范企业创建领导小组下设的日常办事机构，负责制定厂安全文化建设示范企业创建工作计划和隐患整改计划，并负责组织、协调、检查、考核工作及总结评比工作；负责按照厂安全文化建设示范企业创建领导小组下发的计划，对所负责的专业范围内的评价项目按照评价规范及标准，部署、指导、检查基层单位安全文化建设示范企业创建小组的工作，并对基层单位的工作质量、进度把关，对整改项目按照标准及规范进行验收，对基层单位安全文化建设示范企业创建工作中遇到的问题上报，对基层单位上报的数据进行核实及汇总。四个生产车间成立了基层安全文化建设示范企业创建小组，由各基层单位的行政一把手任组长，其职责是负责本单位管理区内的各项安全文化建设示范企业创建工作，接受各安全文化建设示范企业创建专业组的直接指导，对照检查表进行自评整改，自己不能整改的项目汇总后报厂安全文化建设示范企业创建工作组，对本单位的整改项目负责。

(4) 层层负责，严格执行标准。为了保证安全文化建设示范企业创建工作不缺项、不漏项，能够严格按照标准开展各项工作，技安管理处首先组织对标准进行了解析，明确了每个考核条款需要提供的证据以及应达到的要求，并将解析后的安全文化建设示范企业创建标准下发到厂属各单位，厂属各单位按照下发的标准开展工作。为了保证安全文化建设示范企业创建工作真正落到实处，本着“谁主管，谁负责”及“三定四不推”的原则，把安全文化建设示范企业创建工作与单位和个人的经济效益挂钩，严格按厂制定的奖惩办法实施，对容易整改的项目优先进行，先易后难，逐步缩小包围圈，逐项归零，以确保安全文化建设示范企业创建工作的顺利进行。厂属各单位首先开展两轮的自评工作，根据自评中发现的问题，开展整改工作，能够自身整改完成的，所在单位自己完成整改，不能整改完成的提交厂安全文化建设示范企业创建工作组统一组织进行整改。两轮自评完成后，厂属各单位向厂安全文化建设示范企业创建工作组提交自评报告，厂工作组根据提交的自评报告对厂属各单位进行达标验收，针对其中发现的问题开展考核和整改工作。通过上述活动的开展，有效的执行了标准，确保了工作的正常开展。

（5）组织全员培训，提高安全意识。组织两级干部进行标准的学习和培训，举办了两期工程技术人员和班组长培训班，主要对安全意识、安全管理的工作程序、各级各类人员的安全职责进行培训，共计培训 140 人次；车间对操作者进行了“安全操作规程”的培训，技安管理处对所有操作者“安全操作规程”的掌握进行抽考。技安管理处在全厂生产场地张挂安全操作规程 129 处，普通加工到工种，特种作业到设备，危险作业到岗位；张贴安全警句牌 96 块，使职工随处得到提示，达到了提高职工安全意识及提高职工防护技能的目的。

（6）各相关单位也把安全文化建设示范企业创建工作作为头等大事，仔细研究，认真准备，利用有限的资金和力量，为安全文化建设示范企业创建工作和隐患整改开辟了绿色通道，以保证安全文化建设示范企业创建工作的圆满完成，在物质上做好了充分准备。

（7）经过几个 PDCA 循环，实现问题归零。本着认真、细致、从严、求实的指导思想，对隐患进行具体分析。通过安全文化建设示范企业创建，检查出了大量隐患。为了将隐患归零，厂采取了抓大不放小，分工负责的方法，将隐患分为一般隐患和重大隐患，一般的隐患由各车间负责整改。重大隐患由厂相应职能机关负责整改。对于暂不能整改的隐患，则由厂根据实际情况不断增补与调整计划，同时还制定了相应的预防措施，确保不发生事故。

（8）工会组织发挥督促监督作用。2009 年工会已经组织了两次安全生产检查，纪检系统组织开展了安全生产效能监察工作。通过工会及纪检系统参与安全生产管理工作，贯彻了安全生产人人有责的具体体现，促进了安全生产管理工作的有序开展。

三、安全文化建设示范企业创建工作的主要效果及体会

在安全文化建设示范企业创建工作中，在以下几方面取得了成效。

1. 全员的安全防护意识得到进一步提高

通过 2001 年的工厂安全性评价和 2005 年建立职业健康安全管理体系，职工的安全防护意识得到了提高，在此次安全文化建设示范企业创建实施过程中，职工的安全防护意识得到了进一步的提高，把安全防护措施的实施作为一种自觉自愿的行为。同时两级领导在开展各项工作的同时，安全这根弦时刻绷紧，对自己所管辖的区域严加防范，对存在的隐患积极组织整改，落实整改措施，实现闭环管理。

2. 进一步提升企业本质安全度

由于安全文化建设示范企业创建标准在 2001 年工厂安全性评价的基础上规定得更加详细、要求得更为严格，在实施过程中，通过严格执行标准，进一步地提升了现场的本质安全度，使得现场的安全生产水平得到了进一步的提高。

3. 职业健康安全体系与标准化体系有效融合，提高了企业的安全管理水平

安全文化建设示范企业创建进一步明确了在安全生产方面的管理要求，在实施过程中充分与已经建立的职业健康安全管理体

系相融合，两个体系相互支撑，互为补充，推动了安全管理水平的提高。通过技安管理处和质量审核室的不间断的监督检查和内审，使各项规章制度有法必依，推动安全生产管理体系的正常高效运转、持续改进。

通过此次安全文化建设示范企业创建工作的开展，体会到以下几点：

（1）安全技术措施的制定是提高企业安全水平的关键。技术水平的高低，直接制约着企业的发展和进步，一项管理制度如果没有技术作为有力支撑，将使管理水平逐步降低，也将降低管理工作的威信。

（2）完善的安全管理规章制度是企业安全工作顺利开展的有力依据。文件化的规章制度的制定和实施过程既是对安全文化建设示范企业创建的标准的理解和实施的过程，也便于企业查漏补缺、挖掘隐患、闭环整改的过程。

（3）各级各类人员的安全责任制的落实为企业开展安全管理工作提供有力的保障。通过责任制的落实，使企业各级领导在处理安全与进度、安全与质量、安全与效益的矛盾的过程中，认清了安全第一的意义。没有了安全，便谈不上质量与效益。责任制可以有效地杜绝瞎指挥、盲动与盲从等现象的发生。

案例七　培育电力特色安全文化　建设和谐平安一流企业

——聊城阳谷县供电公司

企业安全文化建设是做好安全生产工作的重要基础；是提高从业人员安全意识，规范安全生产行为，提升企业安全管理水平，实现本质安全的重要途径；是一项惠及企业职工生命与健康的工程。近年来，公司在企业安全文化建设方面的具体做法如下所述。

一、统一思想，提高认识，确保安全文化示范企业建设工作有序开展

安全文化是企业文化的重要组成部分，是企业实现可持续发展的灵魂和推动力；是员工精神、素质等方面的综合体现；是企业管理的基础和发展之宝。基于上述认识，公司一是邀请省、市安监局领导和专家举办专题讲座，学习国家安监总局《“十一五”安全文化建设纲要》、《关于开展安全文化建设示范企业创建活动的指导意见》、《企业安全文化建设导则》（AQ/T 9004—2008）和《企业安全文化建设评价准则》（AQ/T 9005—2008），增强了全体员工对安全文化建设重要性的认识；二是多次组织安全文化建设骨干参与了省、市安监局等各级组织的企业安全文化建设培育和学习，明确了企业安全文化的内涵、作用、意义、方法和建设步骤；三是全员发动，组织开展了安全文化建设大讨论活动。安全文化示范企业建设工作涉及公司每个部门和岗位，需要全员参与。为此，公司、部室、班组层层召开动员会，发挥公司网站、宣传栏等方面的作用，宣传开展企业安全文化建设的重要性，营造了浓厚的安全文化建设氛围，激发了各级人员参与安全文化示范企业建设的积极性和主动性；四是健全组织，加强协调。公司成立了由总经理任组长，公司其他领导为副组长，各部室行政正职为成员的领导小组。设立了企业安全文化建设工作小组，明确了工作小组的牵头部门，根据安全文化示范企业建设标准对建设任务进行了层层分解，加强日常绩效考核与管理，形成了企业安全文化建设常态运行机制。

二、强化安全教育培训，全面提高职工安全文化素质

职工是企业安全文化建设的主体。安全文化建设要靠全体职工参与，安全生产是靠全体职工实现。为此，公司不断强化全体职工的安全意识教育和安全技能培训，筑牢安全生产的坚固基础。具体内容包括以下几点。

1. 强化安全意识教育

认知决定操守，意识决定行为。高度重视安全意识教育，着力从员工的安全认知入手，不断增强全员安全意识。使广大员工牢固树立了电网安全意识、共建共享的系统安全意识、安全重于泰山的责任意识、电网大面积停电的客观存在风险意识、隐患不除，违章不禁，事故终究要发生的忧患意识以及风险可以防范，失误应该避免，事故能够控制的防范意识。

2. 强化责任意识教育

安全生产责任重于泰山，各级人员的安全责任是否落实到位，是搞好安全生产的关键。按照安全目标三级控制的原则，从公司领导班子到部室、班组、生产人员，层层签订安全生产责任状，将安全生产目标层层分解。行政正职作为安全生产第一责任人，做到了“五个亲自”，即亲自主持制定并提出本单位阶段性的安全生产重点工作，亲自主持安全工作会议和开展安全重大活动，亲自部署基建、技改重要工程施工，亲自深入基层检查指导安全工作，亲自参与较大事故抢修和分析处理。党委书记在安全生产工作中做到“四个参与”，即参与安全生产重大决策，参与重要安全活动并主持安全生产宣传工作，参与现场安全管理和反习惯性违章，参与干部安全业绩考核和违章案例分析处理。此外，还根据人员变化及时调整安全组织网络，充实和完善安全生产保证体系及安全监督体系。加强三级安全网建设，激发各级人员参与安全管理的积极性，营造了安全生产党政工团齐抓共管的浓厚氛围。

3. 强化安全技能培训

公司在继续发挥荣誉展览室、廉政警示教育室、安全警示教育室、企业文化长廊等文化教育阵地作用的同时，为提高员工素质，强化培训效果，2009 年又建设了占地 14.3 亩的教育培训基地，不仅可以开展理论知识的教育，而且还可以进行实践操作技能的培训。在日常培训工作中，将每周五的下午为安全知识学习日，要求各部室、各班组结合岗位实际开展安全培训工作；按照公司培训计划，今年已举办各类安全培训班9期，参加培训人员771人次。同时，为认真吸取事故教训，杜绝类似事故的发生，及时学习各类安全事故通报，每季度定期举行全员集中学习。为检验学习效果，多次组织全员安全知识普调考。进入2010年先后组织了5次全员安全知识普调考，增强了各级人员学习安全知识的自觉性和主动性。加强特种作业人员管理，定期对特种作业人员进行培训，特种作业人员持证率100%。多次在全省特种作业人员安全技术知识大赛以及山东省电力集团公司组织的安全知识抽调考中取得优异成绩。在2010年7月份举行的全市供电系统安全知识调考中，公司又获得了团体、个人双第一。

三、完善安全工作环境，营造安全文化氛围

1. 改善工作环境

公司加强了工作场所安全设施规范化配置与管理，努力为职工创造清晰、安全的工作环境。一是继续完善了安全标志、设备标志、安全警示线等安全信息；二是改善现场通风和照明条件，杜绝了职业中毒和因视觉局限或视觉疲劳发生人身伤害；三是为切实杜绝恶性误操作事故的发生，不断加大防误闭锁装置的科技投入。公司已有7座变电站的全站防误闭锁装置由机械闭锁更换为微机闭锁装置，研发的配网“五防”闭锁系统，顺利通过了省科技成果鉴定。

2. 加强劳动防护

以人为本，关爱生命，公司积极创造条件改善职工的职业卫生和健康生活条件，加强职工劳动防护。一是为员工配齐备足了相应的个人防护用品。并对员工进行个人防护用品知识培训，保证职工能够正确检查、保养、使用各类防护用品。二是每年进行员工健康体检，建立了员工职业健康档案，分析员工健康状态和变化趋势，全面掌握职工的职业健康状况。三是加强安全工器具管理，做到安全工器具定置存放，坚持日常检查与定期试验相结合，确保安全工器具完好可靠。

3. 创新安全宣传手段，营造安全文化氛围

按照“文化管人管灵魂”的思想，不断推进企业安全文化建设落地生根。

（1）大力推行目视管理，以在检修现场悬挂安全标语，张贴安全漫画，设置安全文化墙等形式给职工以温馨提示，营造出浓厚的安全文化氛围。

（2）大力开展基层班组安全文化建设工作，以班组为单位，通过演讲比赛，知识竞赛、技能比武等形式，将安全文化理念、精髓逐步内化于每个员工的心中，外化为自觉行为，营造了独具特色的班组安全文化氛围。

（3）扎实推进亲情文化建设，用亲情感化员工，使他们在自身工作中能关心自身安全、关心他人安全。将每名员工的全家福以及安全警句制作到每个员工的上岗证的背面以及工具橱的橱门上，使他们在每次工作前都能看到家人的期盼，感受到亲人的温暖，激发他们做好安全工作的主动性。在每年春秋检等检修、施工任务较多的时期，结合工作实际，每天早晨给生产岗位的职工发送安全短信，提醒他们做好自身安全防护，切实做到遵章守纪。

（4）坚持开展安全文化进家庭活动，邀请职工家属到公司生产现场进行参观，使他们切身认识到安全的重要性，成为公司安全工作坚强的后盾。专门成立了“电嫂”安全宣传队，定期开展安全文艺演出，不仅丰富了职工的业余文化生活，而且使“电嫂”成为提醒电力职工保安全的有心人、反违章的好帮手。

（5）充分利用企业网站、报刊、宣传栏、标语等宣传阵地，及时宣传安全工作的先进做法和先进人物的先进事迹。

四、充分发挥党、团员的先锋模范作用，实现党政工团齐抓共管

为实现安全生产齐抓共管，安全文化建设全员参与，形成合力，公司一是组织开展了党员身边无违章活动，使广大党员在职

工群众中带头杜绝和纠正违章，争做安全生产的标杆和明星，以党员的示范作用引导职工群众巩固安全思想意识，以党员的模范作用带动职工群众自觉遵章守纪，真正做到“党员个人无违章，党员身边无事故”，最大限度地提高党员参与安全管理的积极性，充分发挥了基层党组织的战斗堡垒作用和共产党员的先锋模范作用。二是动员和组织广大团员青年投身安全文化建设工作，强化自身安全生产意识，提高安全生产技能，开展了以“安全生产，青年争先”为主题的青年安全示范岗创建活动。三是为及时了解和掌握广大职工在安全生产工作以及安全文化建设方面的思想动态，建立了定期沟通制度。公司领导班子成员、安全工作负责人等定期与生产一线员工进行沟通，了解他们的思想状况，及时安全文化建设方面的困难和问题。充分发挥了职代会在安全生产中的决策作用，听取审议公司安全工作报告成为职代会的重要议程，并定期组织职工代表检查公司的安全生产工作。及时收集员工合理化建议，今年共收集员工合理化建议376条，其中采纳13条。

五、将安全文化建设与安全标准化相结合，确保安全文化示范企业建设取得实效

作为全省首批安全标准化供电企业，公司按照凡事有人负责，凡事有章可循，凡事有据可查，凡事有人监督的原则不断加强安全制度的标准化建设，及时修订完善各项规章制度，建立了以《绩效考核实施办法》为主体、各专业规章为补充的制度体系，作为对各部门、各岗位进行检查、考核、奖惩的依据。进入2010年，公司又对《安全工器具管理规定》、《防误操作管理规定》等10余种规章制度进行了修订完善，使各项工作按标准化的程序实施，提高了管理的科学性，避免了盲目性和随意性，实现了安全标准化工作与企业安全文化建设的相互促进、相互提高。

通过开展安全文化示范企业的建设工作，有效提升了公司安全管理水平，促进了企业的安全生产工作，进一步强化了“安全生产，重于泰山”的责任意识、“如履薄冰”的忧患意识、“预防为主”的超前意识、“综合治理”的全局意识，确保了公司安全生产的良好局面。

案例八 强化安全文化建设 实现企业和谐发展

——招金矿业股份有限公司

招金矿业股份有限公司成立于2004年，现有职工6000多人，是一个专业开发黄金产业的综合性企业。

多年来，始终信奉安全是人类永恒的主题，安全是矿山头等大事，因此，公司紧密结合黄金矿业企业实际情况，以科学发展观和安全发展理念为指导，全面贯彻安全第一，预防为主，综合治理的方针，积极推进企业安全文化建设，大力传播黄金有价、生命无价的安全核心价值观，以打造平安矿山，实现安全发展为愿景，以安全第一，以人为本为方针，以零死亡、零重伤、零污染，争创全国非煤矿山安全示范企业为奋斗目标。

在安全文化建设工作中，主要抓了以下几点工作。

一、精心组织，扎实推进，全力营造浓厚安全文化氛围

为做好企业安全文化建设工作，公司专门成立了由总裁任组长的安全文化建设领导小组，对安全文化建设工作进行详细分工，并精心设计编写了企业安全文化手册，把企业的安全理念深植人心。

从2009年开始，把每年的3月份定为全公司的安全文化月，制定专项活动方案，开展丰富多彩的安全文化活动。先后开展了万人安全承诺大签名活动、千岗安全监督员活动、“三位一体”安全责任状签订等活动，给每名职工发放印有“黄金有价、生命无价”字样的安全文化毛巾，努力创建人人都是安全员的安全文化氛围。还开展了形式多样、内容丰富的安全文化活动，助推安全文化建设工作进展。先后组织了“关爱生命、安全发展”

安全知识竞赛和“平安招金，我美丽和谐的家园”及“安全伴我行”安全巡回演讲活动；开展了创建奋进号青年安全示范岗和党政工团妇齐抓共管安全活动；和《烟台日报》联合举办了“招金杯”生产安全事故报告和调查处理条例知识竞赛活动；利用手机平台定期发送安全亲情短信；利用职工上下班时间，在通勤班车上播放安全教育片；定期组织开展安全文艺汇演，演出安全小品和安全相声；建设了安全文化长廊，发放印有安全警句的扑克，开展安全生产征文、安全合理化建议和安全金点子活动，开展安全员专业知识竞赛和应急救援比武活动，定期把生产一线的职工家属请到矿上，举行安全生产座谈会和家属安全讲演，向职工家属通报职工和企业的安全生产情况，让职工家属对自己亲人常吹枕边安全风，常叙儿女安全情，把安全管理延伸到了职工家庭和8小时以外，用亲情激发职工的安全意识，用亲情铸造起安全生产坚固的思想防线，形成了企业、职工、家属三方联保的安全工作新格局。

二、强化教育，注重培训，做好安全文化深植工作

为进一步深植黄金有价，生命无价的企业核心安全价值观，提高全员安全认识，公司组织优秀人员到各单位进行巡回讲演，把安全文化的核心价值观和要义给全体员工讲明说透，之后组织员工进行考试并撰写个人学习心得，考试成绩计入个人档案，进一步提高了职工的安全责任意识。

在提高职工安全意识的基础上，切实加强了对职工的安全知识和安全技能培训。编写了5万字的《新工人安全培训教材》，并聘请高等院校、科研机构有关专家、教授来公司举办培训班，讲授安全文化建设相关理论和知识，分期分批培训各类人员，使职工实现了从“我要安全”到“我会安全”的转变。

在培训教育方面，公司主要从以下四个方面人手：

（1）强化培训机制建设。制定下发了《关于加强员工培训工作的实施意见》，出台了《员工培训考核办法》、《员工培训考

核评分细则》等文件，建立了培训的长效机制。

（2）强化培训师资队伍建设。建立了一支由 20 多名专业技术人员为骨干的安全教育培训教师队伍，并对外聘请专家教授 16 名，作为兼职安全培训教师，提高了培训队伍的整体水平。

（3）强化培训硬件建设。先后投资 500 多万元，在各车间、矿区建设了高标准的安全培训教室，为广大员职工提供了一个良好的学习环境，确保了培训效果。

（4）强化培训质量建设。重点把握好培训对象、内容、形式、效果四个环节。做到培训有目标,有重点,注重实际,突出实效。

三、健全机构，完善制度，全面落实安全生产责任

公司成立了以总裁为主任的安全生产委员会，并层层签订安全目标管理责任状，形成横向到边、纵向到底、上下联动、齐抓共管的三级安全管理网络。同时，每季度召开一次专题会议，传达贯彻上级指示精神，严格落实安全第一，预防为主，综合治理的安全生产方针，制定了安全环保措施和中长期安全环保规划，并组织落实。研究解决重大事故隐患，制定防范措施。研究解决安全生产奖惩等事项。

不断完善制度建设。目前，公司建立健全了《安全生产管理制度》、《安全生产责任制》，修订完善了安委会成员及公司各部门和各单位主要领导、职能部门、车间等的安全生产职责，《安全生产考核与奖惩制度》、《安全生产培训制度》、《安全生产检查制度》、《设备安全管理制度》、《生产安全事故管理制度》、《职业危害预防制度》以及《职业安全健康管理办法》等 25 余项规章制度。

为切实发挥制度的实效性，公司严格按照“抓生产首先抓安全、谁主管谁负责”的原则，与各单位签订了安全生产责任状，各矿与车间，车间与班组，班组与每位员工层层签订责任状，真正把安全生产工作责任到人。工作中严格落实责任追究制，对于因失责而引发的安全生产事故，从严从重处理，年底由

安环部按照《安全环保监督管理考核办法》对各单位的安全生产管理责任执行情况进行综合考评，兑现奖惩。由于制度严格，措施到位，责任落实，确保了安全生产形势的持续稳定发展，形成了安全管理长效机制。

四、加大投入，科技创新，创造本质安全型环境

公司始终坚持以科学发展观为统领，以追求企业本质安全为目标，先后投入安措资金近5亿元对采、选、氰、冶等落后的工艺进行了大规模的技术改造，确保了技术领先和工艺完善。

在机械化建设方面，对提升、通风、排水、采掘、运输等八大系统的设备设施全部进行了更新换代，目前全公司机械化作业率达到90%以上，进一步提高了效率，减少了事故。

在自动化建设方面，从隐患较多的提升系统入手，实施自动化改造，全部安装了闭路监控系统、自动保护系统、语音提示系统等多重安全保障设施，通过与计算机联网，可实现远程监控和异地操作，自动化安防能力大大增强。

在信息化建设方面，以数字化矿山建设为目标，建立了以总部为中心，覆盖所有分、子公司的企业信息高速公路。建立了统一的管理平台，开发应用了矿山安全管理、井下人员定位跟踪系统、地测三维立体演示等软件，实现了资源共享和远程调度，发挥了“遥控器、千里眼、黑匣子”的作用。

在安全科研方面，先后投入安措科研资金3000多万元，实施了“矿井深部地压研究”、“井下通风系统优化”、“支护手段优化”等安措科研项目20多项，完成自主创新、小改小革项目100余项。在安科院等科研部门的协助下，今年又投入安措科研资金1700万元，开展了“黄金矿山灾害监测与治理关键技术研究”等项目,这些项目完成后将进一步提高企业的安全防范水平。

五、结合实际，丰富内涵，不断创新安全管理模式

在安全管理实践中，针对各分子公司的实际情况，不断进行

年度安全管理目标，明确安全工作要点和部门安全管理考核目标。另外，公司还专门下发各部门年度安全绩效考核指标，将安全生产管理工作进行量化分解。为保障安全生产管理目标的实现，公司配置了较完备的安全生产管理组织网络。公司设有安全生产领导小组和督查小组，不断推进各项工作的开展并对安全生产专题进行研究、分析、决策、跟踪、监督。另外，公司还配置安全管理专职机构——安全保卫部，具体负责日常安全监督管理工作。

三、坚持因材施教，强化教育培训

针对不同类型的员工，公司因材施教，分类对他们进行教育。近三年来公司共举办各类安全培训班 277 期，培训员工 12098 人次。

1. 对新员工，采取“一对一”师徒帮教把好培训关

公司新员工是根据生产需要，不定期陆续招收的。为做好新员工的安全教育培训工作，公司先采取“一对一”的三级安全教育，分厂指定师傅并签订师徒安全帮教协议，通过“一对一”安全操作知识的随岗学习培训，考核合格后方可独立上岗作业。三个月的师徒安全帮教期过后，公司对新员工和师傅进行现场安全绩效考核，优秀的进行 50～150 元的奖励，同时对不称职的师傅进行经济处罚。

另外，在每个月的安全教育培训计划中，公司安全管理部门根据新员工的数量，专门安排新员工进行一次集中安全教育，利用多媒体设备，通过图片、声音、动画、文字全方位结合，进行相关安全知识的教育培训。根据讲课的内容和新员工随岗学习的体会，公司现场解答他们在生产过程中遇到的实际安全问题或疑问。通过不同形式的入职教育培训，强化新员工的安全意识和安全技能，让员工牢固树立有岗必有责，上岗必守则的意识。

2. 对违规员工，采取集中式办班教育培训

管理学有一个著名的木桶理论，说木桶的容量取决于木桶本

身最短的那一块，而与最长的那一块毫无关系。要提高木桶的容量就必须把最短的那块补长。为此，在每个月的员工安全绩效考核中，对发现多次违纪违规的一批员工，专门制定安全生产再教育培训制度。安全管理部门每月对他们有针对性地制定安全再教育培训计划，办学习班、开座谈会，让他们重学安全管理制度、安全操作规程，与他们沟通交流、共同分析事故的原因或屡次违纪违规的根源，帮助他们纠正违章行为，查找事故原因。

3. 对转岗员工，实施转岗教育确认制度

根据公司的生产需要或个人要求，每月都会有一批转岗员工进入陌生的生产环境。为做好该项工作，公司专门为每个员工建立了员工安全教育档案，做到一人一卡，卡随人走，把每个员工的岗位调动情况记录在案，实行转岗教育确认制度，落实好转岗教育人员和教育内容。公司安全管理部门定期对部门的转岗教育效果进行检查。若员工不能胜任新岗位，则及时对其进行岗位调整。

4. 对生产班组，开展每日一题安全教育

班组是安全生产的基础，对控制事故发生起着非常重要的作用。上面千条线，下面一根针，公司所有的规章制度最终都必须通过班组实现。为此，公司从 2007 年 6 月份开始实施了每日一题班组安全教育制度。针对一线操作工文化基础薄弱的现状，公司要求学习的内容以问答题形式或操作演示为主，以理论知识为辅，坚持注重实用为原则，每天学习一个知识点，坚持班前学习，班中实施，班后总结的原则。避免产生喊口号，讲空话的虚假安全学习形式。对班组学习的内容和情况，各班组记录在每天的班组安全活动记录本中。通过对每日一题的学习，不仅提高了生产一线员工的文化知识，而且也提高了员工的岗位操作技能，确保了生产安全。

四、深化会议内容，丰富讲座形式

安全生产工作会议是目前公司安全工作应用最广泛的一种安

全管理手段。通过会议，大家对一定时期内安全工作存在的问题进行分析、讨论、整改、总结，互相吸取教训，总结经验，明确工作思路，及时调整下一阶段的安全工作方向。目前，公司安全生产工作会议的类型有中高层管理人员、安全责任区负责人、专兼职安全员三个层次的月度安全分析例会。参加人员从一线操作工到公司高层领导。这种以会带教的形式，使公司上下拧成了一股绳，人人想安全、个个讲安全、处处保安全的氛围比较浓厚。

五、办好一报一刊，拓宽宣传渠道

除常规的黑板报、培训、横幅、知识竞赛、安全会议等安全知识宣传手段外，公司目前还自办了一报一刊，即《闰土报》和《安全与环保》杂志。通过《安全与环保》杂志，可以让员工系统地收集整理一些有用的书面安全知识，日积月累，使其安全知识得到了巩固和提高，起到了潜移默化的效果。

六、创新活动载体，弘扬安全文化

每年公司都结合安全生产形势、政府引导政策、行业安全特点等开展形式多样的安全宣传活动。

公司以安全活动为载体，从员工素质、监管水平、企业的本质安全提高等方面扎实地开展工作。一方面普及了安全知识，另一方面，一线员工学到了实用的安全操作技能，同时也大力培育了良好的企业安全文化，进一步提升了广大员工安全生产的忧患意识、爱岗意识和责任意识。

参 考 文 献

[1] 国际原子能机构国际核安全咨询组．安全文化［M］．北京：原子能出版社，1992.
[2] 国家安全生产监督管理总局政策法规司．安全文化新论［M］．北京：煤炭工业出版社，2002.
[3] 国家安全生产监督管理总局政策法规司．安全文化论文集［M］．北京：中国工人出版社，2002.
[4] 国家安全生产监督管理总局宣教中心．安全文化与小康社会［M］．北京：煤矿工业出版社，2003.
[5] 黄毅．要在机制创新上下工夫［J］．现代职业安全，2001（8）.
[6] 彭玉敬．内化于心固化于制外化于形[J]．现代职业安全,2007(8).
[7] 陈光．建设有中国特色的安全文化是新时期的战略选择［J］．现代职业安全，2001（10）.
[8] 罗云，黄毅．中国安全生产发展战略——论安全生产五要素［M］．北京：化学工业出版社，2005.
[9] 徐德蜀，等．中国安全文化建设——研究与探索［M］．成都：四川科学技术出版社，1995.
[10] 罗云，等．《安全文化百问百答》［M］．北京：北京理工大学出版社，1995.
[11] 罗云，等．《企业安全文化建设——实操创新优化》［M］．北京：煤炭工业出版社，2007.
[12] 史有刚，等．企业安全文化建设读本［M］．北京：化工工业出版社，2009.
[13] 苗久合，等．塑造本质型安全人［M］．北京：煤炭工业出版社，2006.
[14] 王吉鹏．企业文化热点问题［M］．北京：中国发展出版社，2006.
[15] 刘铁民．安全生产对国家经济与社会发展具有重大影响［C］//国家安全生产监督管理总局国际交流合作中心．中国国际安全生产论坛论文集北京：煤炭工业出版社，2002.
[16] 丁维东．构建和谐社会打造平安吉林［M］．长春：吉林人民出版社，2006.
[17] 吴甲春．安全文化建设理论与实务［M］．乌鲁木齐：新疆科学技术

出版社，2006.
[18] 张云初. 新企业文化运动 [M]. 北京：中信出版社，2006.
[19] 王璞. 企业文化咨询实务 [M]. 北京：中信出版社，2003.

图书在版编目（CIP）数据

安全文化知识读本/国家安全生产监督管理总局政策法规司组织编写. --北京：煤炭工业出版社，2011（2014.6重印）
ISBN 978-7-5020-3801-4

Ⅰ.①安…　Ⅱ.①国…　Ⅲ.①安全-文化-基本知识　Ⅳ.①X93

中国版本图书馆CIP数据核字（2011）第014931号

煤炭工业出版社　出版
（北京市朝阳区芍药居35号　100029）
网址：www. cciph. com. cn
北京市郑庄宏伟印刷厂　印刷
新华书店北京发行所　发行
*
开本 880mm×1230mm 1/32　　印张 6 1/2
字数 164 千字　　印数 9 001—12 000
2011 年 4 月第 1 版　　2014 年 6 月第 4 次印刷
社内编号 6611　　定价 18.00 元